いまから始める

看護のための
データ分析

病院電子カルテデータの活用ガイド

梯　正之 [監修]　森脇睦子・林田賢史 [著]

東京図書

「統計学はむずかしい、苦手だ」という声が巷にあふれていますよね。でも、ほんとうに統計学というものはそんなにむずかしいものなのでしょうか。

確かに統計学を学ぶとき、きちんとした理由の説明もなくこの手順でやればよいとか、結果の意味もよくわからないのに「有意」だと結論しますとか、腑に落ちないままに指図に従わざるを得ない状況があります。「統計が苦」という人が多いのも無理からぬことのようにも思えます。

しかし、少し違った方向から見てみると、別の考えもできます。

私たちの暮らす世界は複雑で不確実なことで満ちあふれています。「同じに見える条件の下で異なる結果が生じる。」「確実に結果を予測する手がかりは簡単には見つかりそうにない。」そんな中で、少しでも結果の生起に関係し、いやな事態を避け、望ましい状況を引き寄せるのに役立つようなヒントを見つける手助けをしてくれるのが統計学と言えないでしょうか。統計学がむずかしいのではなく、統計学が取り組んでいる現実社会の解決すべき課題がむずかしいのです。

同じような条件にあると見えるのに結果が異なるときでも、たくさんの事例を観察することによって、何が起きる見込みが高いかが経験的にわかってきたりします。人間は不確実な世界を相手に、「確率」という概念を作り上げました。統計学の基礎にある「確率」は、どの結果が起こりやすいとか起こりにくいとかを客観的にとらえるための数理的なモデルです。事象を多数回にわたって観察すれば、どの結果がどのくらい起こりやすいか確率モデルを作ることができます。世の中が確率論を必要としない決定論的世界であれば、「AならばB」という命題に対して、「AなのにBでない」という事例が1つでも見つかれば命題は否定されます。私たちは、そのような反例の見つからない信用のおける命題を見いだすことができるでしょう。しかし、確率論的世界においては、命題は「AであればBである可能性が高い」という形でしか述べることができません。また、「AなのにBでない」事例が1つ見つかっても、命題がまちがっているのか、たまたま可能性の低いことが起きてしまったのか、簡単には判断できません。

このような状況で、合理的に判断し、信用のおける知識を得るための方法が統計学といえます。ある命題によれば起きる可能性が低いはずの事象が起きたのは、可能性が低いにもかかわらず起きてしまったという

ことなのか、あるいは、命題が間違っていてほんとうは起きる可能性が高かったのか、それを決めるための、確率の考え方に基づいた合理的な手続を提案しているのが統計学（推測統計学）ということなのです。

　とはいえ、まだ問題は未解決のままです。なぜ、統計学は「わからない」のでしょうか。

　理由はいろいろあるでしょう。「使っている概念がわかりにくい。」「結論を得るには複雑な計算をたどらなければ本当はわからない。」しかし、一番の理由は、逆説的ですが、数式を使わないからではないでしょうか。暗算で計算するより、そろばんを使った方がやさしいですよね。それと同じで、数式がそろばん玉のように操作されて思考プロセスをやさしくしてくれます。ただ、数式も１つの「言語」（いわば、外国語）ですから、単語の意味と文法がわからなければ意味を理解できません。外国語の単語の意味も文法も知らず意味を伝えるのはかなりむずかしいことです。（意外に、人間、特に子どもならできたりするのかもしれませんが。）数式がむずかしいという時の多くの場合は、単語（記号）の意味の説明が不十分で、それらをつなぐ文法（演算記号や等号）の意図がくみ取れないからだと思います。それを丁寧に説明すれば、数式が理解を助け深くしてくれます。理解することで、自分で考え、応用したり工夫したりすることができるようになります。そして、誤用を防ぎます。

　このように考えたとき、統計学はむずかしい敵ではなく、むずかしい問題と戦うときの心強い味方だった、と気づくことができるのかも知れないと思います。この不確実性に満ちあふれた世界、運がいいとか悪いとか、人生いろいろです。だからこそ、可能性にあふれ、夢があるとも言えます。それに立ち向かうとき、「統計学は最強の味方である」。この本を読み終えたあなたに、そう思っていただければ、著者たちの喜びはそれに勝るものがありません。

（監修　梯　正之）

　近年たくさんのことが電子化され、医療現場も例外ではありません。医療界においても記録をはじめとした診療に関する情報が医療情報システムの中に集積されています。電子化は、仕事の効率化とデータの有効活用を目指してのもの。看護の現場でも、質的な要求が高まり、それに応えるべくデータの利活用の必要性も高まっているのではないでしょうか。

　私は、看護管理者の方々をはじめとして臨床現場でご活躍されているナースの多くの方々が、医療・看護の質やマネジメントに関し「数値で示す」ことに対する組織の要求に、悪戦苦闘されているのを見てきました。そんな方々のために少しでもお役に立てる書籍を！　との思いから本書を企画しました。本書は、「看護は好きだけどデータ分析はやりたくない」、「やりたくないけど職位が上がってきてやらざるを得ない」、「数字を見るものイヤ！」といった、データ分析はやりたくないけどやらなくてはならなくなった方々に対し、少しでも「嫌気」を取り除けるお手伝いをするために企画したもので、データ分析や統計にあまりなじみのない方が第一歩を踏み出すための書籍になっています。

　第1章「データ分析を始めよう！　でも、何から？」では、分析を始める前の心の準備として必要なポイントを説明しています。日々臨床現場で活躍されているナースの皆さんは、多くの気づきを得て、問題意識が高い方々ばかりです。そして、いつもその問題点を何とかしたいと考えていらっしゃいます。しかし、実際分析の過程では、少なからず戸惑いをお持ちの方が多いと感じます。そういった困りごとを整理するための手順や思考について説明しています。

　第2章「データ分析を始めよう！」では、分析を行うための基本的なスキルを説明します。多くの人が使い慣れている（と思われる）Microsoft社のExcelを使った操作方法、関数の使い方などデータを扱うための最低限必要なスキルと、「数字」が何を示しているのかを読み解くための知識を説明しています。

　「数字の読み方」は、統計学の入り口につながる部分で、難しいと思われがちですが、実は、小中学校で習った算数や数学の知識を使って、正しく丁寧に数字を読み解いていくだけで、分析対象となっている集団がよく見えてきます。ご一読いただけると、小中学校では大事なことを教

わっていた、自分の中にすでに力は備わっていたのだと気づいていただけると思います。眠っていた力をたたき起こすだけだと思うと「嫌気」に対するハードルも下がってくるのではないでしょうか。

　加えて、第4節からは、統計学の基本的な内容にも触れています。データ分析の中では、集団をとらえる、比較する、推測する、を行います。その際、知っておくべき大事なことをわかりやすく説明しています。ただ、基本的なことばかりですので、物足りないと感じた方は、ぜひ、統計学の入門書や専門書を手に取り学びを深めてください。

　皆さんが臨床現場で利用するデータの多くは、医療情報システム内に蓄積されたデータだと思います。第3章「電子カルテシステム内にあるデータの利用にあたって」では、医療情報システム内にどういうデータがあるのか、利活用するための留意点、活用方法を説明しています。医療情報システムは医療機関によってその作りは様々です。第3章の内容をヒントにご自身で取り組みたい分析に役立てていただきたいと思います。

　最後に、本書では、データ分析に関するちょっとした疑問点など短編にしたコラムや「やってみよう」、「考えてみよう」、「事例」を設けています。その内容も皆さんの分析のヒントになるのではないかと考えています。また、練習問題も設けており、その内容は、できるだけ日々の臨床現場を想定した題材にしましたので、気軽な気持ちで解答してください。

　「数字」は万能ではありませんし、経験値（知）を否定するものでもありません。医療・看護の世界では数字ではわからないことのほうが多いと思います。しかしながら、数字によって見えてくるものと皆さんのナースとしての経験が融合すればこれほど強いものはありません。
　ぜひ、この機会に本書を読み進めていただき、「数字」に対する「嫌気」を少しでも軽減することができ、データと経験に基づく日々の看護に役立てていただきたいと思っております。

（著者　森脇睦子）

CONTENTS

カバー、本文デザイン　㈱オセロ

第1章

データ分析を始めよう！でも、何から？

1 先人に学ぶ

　私たちの大先輩でもあるF. ナイチンゲールは「近代看護の創始者」、「看護原理の発見者」と評価されていますが、すぐれた統計学者であったことはあまり知られていません。**図 1.1-1** は、ナースであればだれもが目にしたことがある図だと思います。この図は、イギリスの東方駐留陸軍の死因別に各月の死亡率を示したグラフです。当時、陸軍の死亡は戦闘による負傷で発生するといのが通説でしたが、軍の健康管理や衛生管理が全く機能しておらず、戦傷よりもコレラ、熱病、下痢、赤痢、壊血病といった回避可能な伝染病等による死亡が多いことを示し、全面的な改革のもと死亡率が減少したことを示しています。

　図 1.1-2 は、当時、スクタリとクリルの病院は他の陸軍病院と比較して死亡率が高いことを、ロンドンおよびその近郊の陸軍病院における 1000 人あたりの年間死亡率（20.9：グラフの中央に点線で示された円）と比較し、観察期間単位（グラフの一つひとつの扇形をした楔）で示したグラフです。この死亡率の高い要因として、当時の陸軍は、前線の病院では治療できない患者が多く送られてきているためであるとされていましたが、ナイチンゲールは、統計学者の協力を得て数多くの緻密な調査と記述統計を行い、最終的には、「患者の過密状態と不衛生な療養環境が病気を蔓延させ、死者が増加した。戦傷よりも回避可能な感染症等による死亡が多い」、そして、最も死亡率が高い病院は彼女が働いていたスクタリの病院であった、という結論を導き出しました。ここで、少し**図 1.1-2**の解説をしますと、一つひとつの楔は、記載されている期間中に治療された患者 1000 人あたりの死亡率を面積で示しています。前述にも記載していますが、当時の陸軍は前線の病院では治療できな

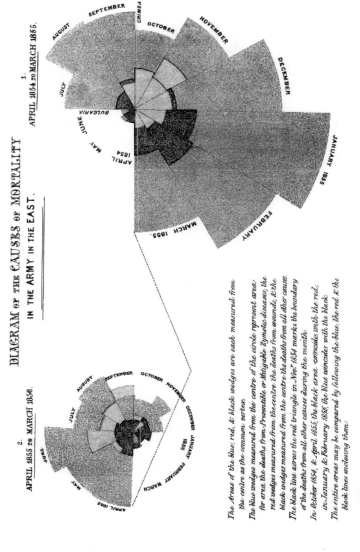

図 1.1-1 ナイチンゲールが可視化のために考案したローズチャートの例

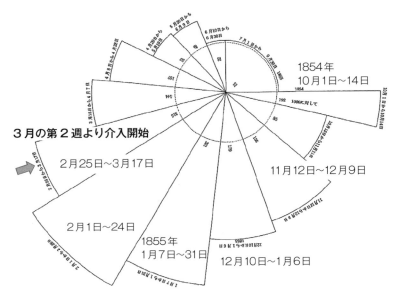

出典：多尾清子他，F.Nightingal をめぐる衛生統計学的考察：原著，英国
　　　陸軍衛生史への寄稿を中心として

> ・楔は、その期間内に治療された患者 1000 人当たりの年間死亡率を面積
> 　で示している。
> ・点線はロンドン及びその近郊の軍病院における患者 1000 人当たりの年
> 　間死亡率（20.9）を示している。
> ※日付の誤りと思われるものは、著者が修正して掲載した。

図 1.1-2　**スクタリとクルリにおける病院内患者死亡率グラフ**
（1854 年 10 月〜1855 年 9 月）

い患者を搬送したとのことですが、実際は、これらの病院では排水
整備が極めて不完全で便所もなく、下水溝からは悪臭が漂い、換気
口もなく、船積された兵士が次々を病院に運ばれ、超過密状態になっ
ていました。食料はおろか衛生環境は劣悪で、病人に対する看護も
不十分であり、その結果、1854 年 11 月から死亡率は急増し翌年
2 月にピークに達しています。この状況に対する改善（介入：排水
の整備、換気口の設置など）が 1855 年 3 月の第 2 週目から始まり、
その後死者が減少していったことが示されています。

　ナイチンゲールはこれらの多くの結果を用いて政府を動かし病院改革を進めていきました。調査結果の数字を羅列だと大変見難いため、彼女は死者数のモニタリング状況を面積でかつカラーで示す方法を考案しました。それが、**図 1.1-1** に示される鶏のとさか、ローズチャート、ナイチンゲールダイアグラムと呼ばれる世界で初めて考案されたと言われているグラフです。**図 1.1-1** は死因を明らかにし改革後の状況をモニタリングしたものであり、**図 1.1-2** は、自院の死亡率が高いことを他（多）施設と比較することで示しその後をモニタリングしたものです。伝えたいこと（分析の目的）に応じて、見せ方や集計方法を変えています。このように取りまとめた結果を政府関係者や現場関係者にプレゼンテーションし必要な改革を進めていきました。これは、臨床現場の疑問や問題点に対し、仮説を設定しリサーチクエスチョンを立て、データを集め可視化し、改善策を導きだす、そしてビジュアルプレゼンテーションを実施し、その結果を多くの関係者に伝え改善活動を進めていく、という今まさに看護管理者に求められていること（**図 1.1-3**）を、看護を確立する前から彼女は実践していました。

　ナイチンゲールの著書「看護覚え書」には数多くの看護における重要かつ基本的なことが記されています。当時はまだ看護という概念がなく、病人の看病は妻や母（女性）が行うものとされており、「看護覚え書」は母向けの書物でした。この書に記された内容の多くは、様々な調査に基づいています。「看護覚え書」や「病院覚え書」が出版されて 160 年以上が経過し、今もなお看護師を志す後進に脈々と受け継がれている精神は、看護管理者として臨床やマネジメントの視点で問題意識をもち、意思決定するための実態調査（現状把握）や改善活動とその評価の反復の実践が礎となっています。リサーチに基づく医療の質の可視化と改善活動はナイチンゲールが求める看護の原点だったのではないかと思います。

　ナイチンゲールの統計学的な思考と方法論は、鋭い観察と調査によって事実を提示し、問題点を明確にし、結論を導き出すというも

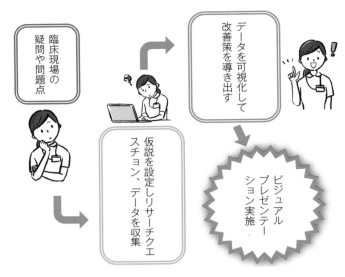

図 1.1-3 ナイチンゲールの取り組みからわかる看護改善の道のり

のでした。看護の可視化のためのデータ分析は今求められているのではなく、ナイチンゲールが「看護」を確立した時からナースがすべきことの基本となる方法論であり、160年前から求められていることであると言っても過言ではありません。ナイチンゲールの足跡をたどるとき、私たちが提供すべき医療や看護、そして実際に提供してきた医療や看護が、緻密な調査とデータ分析の上に成立するものであることを実感することができます。

分析目的を明確にするための準備

　急速に進む情報化社会の流れは医療界にも大きな変革をもたらしています。その影響を受け、院内の医療情報システム内には多くのデータが散在しています。そして、そのシステム内に蓄積されたデータは経営判断や質改善などの組織運営の意思決定に活用されています。看護活動の場においても様々な局面で「データはどうなっていますか？」、「データで示してください！」という要求が多くなり、看護管理者のみならず、スタッフナースも含めて「何かデータで示さなくてはならない！」というプレッシャーに苛まれているナースは少なからずいらっしゃるのではないでしょうか。

　このようにデータで示すという組織ニーズに対し、まず「データを見て何ができるかを考える」方がけっこういらっしゃると思います。データ分析を専門とする領域では、そのような分析方法もありますが、私たちナースの専門はナースとしての臨床活動ですので、この方法はあまりふさわしくないと思います。臨床のナースが行うデータ活用は、日々の臨床活動の中で湧き出た疑問や問題を可視化し、関係性を確認したり、比較するといった分析を行い、その解決策を導き出すことです。つまり、看護活動の場で生じた、疑問や問題を、数字を使って表現することが臨床の場で活動するナースが行うデータ分析になります。

　疑問や問題の解決プロセスは、①思考の整理（Grip）、②分析計画の策定（Design）、③分析の実施（Analyze）、④結果の解釈（Find）、⑤改善策の提案（Build）、⑥改善活動と評価（Organize & Monitor）になります（図 1.2-1）。⑤と⑥は改善策を導入する組織（医療機関）によって異なります。つまり仮に④で同じ結果が出たとしてもその結果を受けた取り組み内容は、導入する医療機

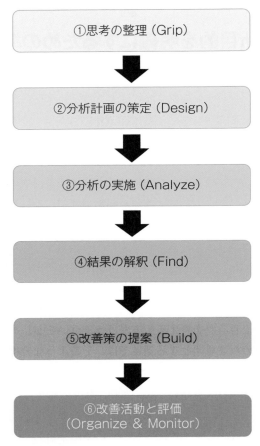

図 1.2-1 疑問や問題の解決プロセスフロー

関の機能や特性、マンパワーなどにより様々です。①〜④までの流れは分析者の共通のプロセスになり、そのうち①と②はデータを手にする前に行うプロセスです。この①から③の部分が本書で扱う範囲です。

3

どういう集団の何を明らかにしたいのか？

　プロセスフローの最初の段階「①思考の整理」は、看護の実践活動、管理者としての病棟マネジメント等の日々の臨床活動の中で「湧き上がった疑問」を問題提起の形にすることから始まります。問題として提起できたら、まずは、文献などの関連資料や関係官庁等が発出している文書などを丹念に調べるのがよいでしょう。日常的に「湧き上がった疑問」は全て分析に通じるのではなく、多くは、既存文献等の資料を調べることで解決する場合もあります。それでも、独自調査が必要であると判断した場合は次の段階に進みます。意外と既存資料（文献）を調べることで「湧き上がった疑問」の回答の根拠が得られることがあります。独自分析に至るケースはかなり厳選されます。

　臨床活動の中で「湧き上がる疑問」は、複雑であったり、抽象的であることが多いです。ご自身が明らかにしたいことを明確に具体的な形にする作業を行い、分析の目的を設定します。分析の目的が決まると分析の対象者も自ずと決まってきます。さらに重要なことは、分析の目的をシンプルにすることです。仮に「病棟が忙しくなって離職者が増えたのではないか」という疑問に対する答えを探るとします。文章で記載するとシンプルに見えるかもしれませんが、「忙しさ」はとても複雑で抽象的な概念であり、様々な要因で構成され、非常に感覚的な現象です。分析では、「忙しさ」をどうとらえ、どの部分を明らかにするのかを具体的にしていきます。内容によっては、複数段階で分析を設定する必要があるため、「湧き上がった疑問」を構造化していきます。構造化の作業は、抽象的、感覚的にとらえている事象を具体的にするプロセスで、例えば、「忙しさ」を「残業時間の増加」という事象により数値化可能な形でとらえていくな

どがあげられます。この作業は分析できる形に落とし込む作業の第一歩になります。この段階の①思考の整理、では「**どういう集団の何を明らかにしたいのか？**」を明確にかつシンプルにしていきます。

緻密な分析計画を立てる！

　「どういう集団の何を明らかにしたいのか？」が明確であると、次の段階「②分析計画の策定」は自ずとできあがってきます。ご自身が明らかにしたいことと、実際に手にできるデータ（分析できる環境）との間で折り合いをつけていく作業になるからです。つまり、「分析計画」は明らかにしたいことを実現するためのやり方「分析レシピ」になります。対象者、対象期間、データの入手方法（質問紙調査か医療情報システムのデータソースからの入手なのか、など）、分析する内容（変数の設定）、分析方法（集計・解析方法の選択）が具体的な内容になります。何を明らかにしたいのか分析の目的が明確であれば、それに向けて目的を達成する方法の選択肢は限られてきますので、それを計画の形にしていきます。

　データを手にする前にこの２つのこと①思考の整理、②分析計画の策定が最も重要です。マネジメントや質改善のために行うプロジェクトを**図 1.2-1** の①〜⑥のフローがマネジメントや質改善のための１つのプロジェクトのプロセスであるとすると、①と②、③の一部であるデータを集めてから分析可能なデータシートの形にする（**第２章１節**）の作業がおそらく全てのプロジェクトの６〜７割くらいの労力を占めるのではないかと思います。「うまくできない」、「進まない」といったデータ分析関連の多くの悩みごとの根本的な原因は、①思考の整理と②分析計画の策定、のプロセスにあります。逆に言うと、①と②がきちんとできていれば、④結果の解釈まではさほど労力をかけずに行えます。もし、分析がうまくいかない、やっているうちによくわからなくなってきたという壁に当たった場合は、まずは①思考の整理に戻り、何を明らかにしたいのか、何のために分析をするのかを考え直してくださ

い。お勧めできない（やってほしくない）のは、「目的を決めずに
データを集めること」や「手元にあるデータを触って何となく表や
グラフを作り始めること」です。

コラム1

アンケート調査って意味あるんですか？

　「アンケート調査って意味あるんですか？」とか、「どうせアンケート調査の結果だから」といった、アンケート調査やその結果に否定的なイメージをお持ちの方の声を時々聞くことがあります。

　医療や看護の実態を把握する上で、人に質問して答えをもらうという一見原始的な方法より、難しい技術を使い客観的に収集されるデータのほうが価値が高いと思われるのかもしれません。しかし、聞かなくてはわからないことは、聞くしか知る方法はありません。世の中にはアンケートでしか集められないデータだってあると思いませんか。そういうときに使える唯一の方法としてアンケート調査があるのだと思います。

　アンケート調査は、明らかにしたいこと（疑問点）を明らかにする手段にすぎません。もし、「このアンケート調査は意味があるのか？」、「それ、聞いてどうするの？」と疑義を持ったときには、分析の目的とアンケートの内容が合っていない可能性があります。分析目的の設定、分析計画の段階から見直す必要があるのかもしれません。

意味のあるアンケートもあります！

参考文献

1. 多尾清子. 統計学者としてのナイチンゲール. 医学書院, 1991.
2. 金井一薫. ナイチンゲールの看護覚え書. 西東社, 2014.
3. ヒュースモール. ナイチンゲール神話と真実. 田中京子訳. みすず書房, 2003.
4. 多尾清子他. F. Nightingaleをめぐる衛生統計学的考察：原著, 英国陸軍衛生史への寄稿を中心として. Ryukyu Med J. 11 (2)：53-79, 1989.

第2章

データ分析を
始めよう！

1 データを集めたら何をするの？

1）分析用のデータシートを作る

1)-1 データを集める、その前に

　データを集める前、つまり分析計画を立てる段階で分析に使用する項目（変数）決めておく必要があります。変数については、この後の節の「データの性質」（**第2章2節**）で詳しく説明しますが、ここでは、分析に使う項目くらいに考えていただいてよいと思います。全ての変数は、「なぜ、分析に使おうとしているのか？」、「なぜ、データシートに入れることにしたのか？」を明確に説明できるものにする必要があります。なぜならば、分析の目的に即して、使用する変数を決めずに手元にあるデータをやみくもに集めて分析すると何のための分析なのかがわからなくなるからです。

　分析の目的となる変数を目的変数もしくは従属変数と言い、目的変数に影響する、またはその可能性がある変数を説明変数もしくは独立変数と言います。説明変数（独立変数）は、学術的（ここでは医学的）に関係すると言われているもの、文献的にそれが立証されているもの、経験的に関係すると思うもの、患者属性などがそれに相当します。例えば、分析の目的が「入院中の転倒の発生状況とその要因を明らかにする」であった場合、目的変数は「転倒の有無」になります。そして、説明変数は、「患者さんの移乗の状態（例えば、自立歩行、一部介助、全介助）」、「高血圧の有無」、「貧血の有無」、「認知症の有無」、「在院日数」など転倒に影響するもの、もし

くは影響しそうなもの、「年齢」、「性別」などの患者背景要因（患者属性）となります。これらの変数は、一覧できる形で列挙した変数定義書としてまとめておきましょう（**表 2.1-1**）。統計解析の 1

表 2.1-1 **変数定義書のイメージ**

変数番号	変数名	データ型	値	変数のカテゴリー名	データソース	定義
1001	分析用 ID	文字型				
1002	患者 ID	数値型				
1003	入院年月日	日付型			患者プロファイル（電子カルテ）	
1004	退院年月日	日付型				
1005	転倒	数値型	1	あり	インシデントレポート	インシデントレポートで転倒の報告があった患者＝1
			0	なし		
1006	年齢	数値型			患者プロファイル（電子カルテ）	入院時年齢：生年月日と入院日を使って算出
1007	年齢階級	数値型	1	15 歳未満		「1006 年齢」のデータ使って割り当て
			2	15 歳～64 歳		
			3	65 歳～84 歳		
			4	85 歳以上		
1008	在院日数	数値型			・・・・・・	
1009	性別	数値型	1	男	患者プロファイル（電子カルテ）	
			0	女		
1010	移乗の状態	数値型	1	自立	重症度、医療・看護必要度データ B 項目（電子カルテ）	転倒前日の B 項目の移乗情報
			2	一部介助		
			3	全介助		
1011	高血圧	数値型	1	あり	患者プロファイル（電子カルテ）	高血圧の定義………
			0	なし		
1012	貧血	数値型	1	あり	患者プロファイル（電子カルテ）	貧血の定義：・・・・・・・・
			0	なし		
1013	骨粗しょう症	数値型	1	あり	患者プロファイル（電子カルテ）	骨粗しょう症の定義：・・・・・・・・・
			0	なし		
1014	不整脈	数値型	1	あり		不整脈の定義………
			0	なし		
1015	死亡	数値型	1	死亡	DPC データ	DPC データにある「退院時転帰」
			0	生存		
1016	転院	数値型	1	あり	DPC データ	DPC データにある「退院先」
			0	なし		

※この図にある「データの型」については、**1)-3** で説明します。

つに目的変数を用いない分析（因子分析やクラスター分析など）もありますが、まずは、目的変数と従属変数を用いた分析に慣れていきましょう。

　変数を選択する段階では、一つひとつの変数の定義を明確にし、変数定義書に記載しておくことをお勧めします。定義書とは、これがあれば誰でも同じデータを収集することができる、つまり同じデータシートを作成できるルールをまとめたものになります。例えば「年齢」は入院時の年齢を使うのであればそれが定義になります。「転倒の有無」については何をもって「転倒あり」にしますか？　例えば、院内で集めているインシデントレポートにより報告された「転倒」を「転倒あり」とするのであれば、それが定義になります。この場合、たとえ転んでいてもインシデントレポートとして報告されていなければ、その患者さんは「転倒なし」という扱いになります。したがって、使うデータの信頼性も分析する上で重要なポイントになります。その他、「認知症の有無」などの疾患に関する情報も何をもって「あり」とするのかを定義しておく必要があります。つまり、変数の定義に記載される内容は、その変数の値を決める根拠や基準、情報源などになります。

　院内（電子カルテもしくは医療情報システム内）には、様々な情報が蓄積されています。今回分析するために使う変数をどこから収集するのかを、データソースとして変数定義書に記載しておくことも必要です。医療情報システムの中から収集できない項目は、ご自身で収集しなくてはなりません。その場合、どのような方法で収集するのか（カルテレビューするのか？　患者さんに聴取するのか？　など）も決めておく必要があります。

　データ収集は、分析計画をしっかり立てた上で行います。分析目的に即した変数を選択し、これから説明するデータシートを丁寧に作成しないと分析はできません。分析を行う上でこれらの作業は絶

対におろそかにできません。

　この節では、これから分析計画に基づいてデータを集めた後に行う処理を説明していきます。

1)-2　行列形式の表を作る

　データの集計作業を行う最初作業は、集めてきたデータを行列形式の表の形にします。この行列形式の表が集計できる形に加工されていないと集計ができません。「行列の表にする？」、簡単そうに感じるかもしれませんが、できていると思っていても「集計できる行列の表」になっていないことがあります。

　分析用のデータシートの作成のためのツールは、皆さんが使い慣れているものを使っていただいて問題ありません。最近では様々な統計ソフトがありますが、分析用データシートの作成段階は基本的なことですので、どのツールを使うにしても同等の作業を行います。ここでは、一般的によく使われている Microsoft 社の Excel（以下、Excel）を使って説明していきます（**図 2.1-1**）。

　まずは、データシートの行列について説明します。行列が交差する 1 つのますを「セル」と言います。**1 つのセルには 1 つの情報しか入れない**というのが分析する上で大原則です。「当然」と思われる方も多いと思いますが、私の経験上、意外とそれが認知されていないと感じています。具体的にはどういうことか、と言いますと、**図 2.1-2** に示すように、1 つのセルに複数の情報を入れている状況を目にするからです。「この情報も大事かなぁ、あの情報も大事」といって入力してしまうと、そこに入力された変数（列）は集計（分析）ができません。そうならないためにも最初に作成する変数定義書が重要になります。

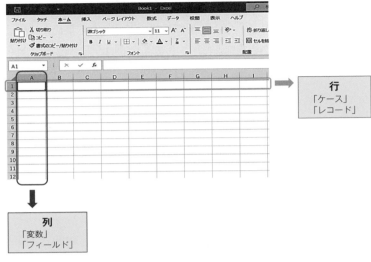

図2.1-1 データシートの行と列

行

　ヨコのひとすじを「行」と呼びます。また、いちばん上の一行は変数名を記入し、ヘッダーなどと呼ばれています。行に入力するのが分析の単位となります。「ケース」、「レコード」と呼ばれます。Excel では各行に番号が付されており、一番左の列に示されています。患者単位の分析を行う場合は、一人ひとりの患者さんがケースになります。1000 人を対象とした分析であれば、1000 ケース（レコード）になり、Excel のシートは 1000 行（ヘッダーを除き）になります（**図2.1-1** 参照）。

列

　タテのひとすじを「列」と呼びます。列に入力するのが分析の項目、変数の値になります。「変数」、「フィールド」などと呼ぶことがあります。Excel では各列にアルファベットで明記されており、一番上の行に示されています。先ほど説明した「転倒の有無」、「年

齢」、「性別」、「患者さんの移乗の状態（例えば、自立歩行、一部介助、全介助）」、「高血圧の有無」、といった分析に使う項目の値が入力されます（**図 2.1-1** 参照）。

1)-3 データ型を決める

データ型とは何か

データシートに入力する情報には種類があります。それを「データ型」と言います。よく使われるのが、数値型、文字型、日付型などです。専門的にはこれらの型もさらに細かく分かれておりますが、最低この 3 つはおさえておく必要があります。データ型は変数ごとに一致していないと集計ができない、もしくは正しい結果が得られません。

分析の方法によりデータ処理の仕方が変わり、数値を文字型で入力して処理するということもあります。分析に慣れてきたらそれを使い分けたほうがよい場合があります。

データはなるべく数値で入力する

入力するデータはなるべく日本語ではなく数値で入力することをお勧めします。数値は、数値型でも文字型でも構いません。例えば、性別であれば、男性 ＝0、女性 ＝1 といった形に入力します。日本語での入力でもよいですが、その場合は必ず表記をそろえる必要があります。同じ内容を示すデータでも日本語の文言が異なっていたり（男性、男）、全角と半角が混在している場合（ガスターとｶﾞｽﾀｰなど）、集計はできますが、それぞれが別々にカウントされるため、意味のある集計にはならないからです。

変数に数値を割り当てる際には、いくつかのポイントがあります。

生存で転院した場合は？

分析用ID	転倒	年齢	年齢階級	在院日数	性別	骨粗しょう症	不整脈	予後
16046090-20161224	1	49	4	15	男性	0	弁膜症	死亡
73111002-20151007	0	82	8	13	ダンセイ	0	×	生存
15366616-20160208	0	49	4	20	男	0	○	退院
16082196-20151221	0	54	5	25	男	1	心筋梗塞	死亡
16016379-20160322	0	26	2	48	ダンセイ	0	×	転院
16019355-20151225	0	14	1	10	男性	0	心房細動、心筋梗塞	生存
16061065-20151007	0	61	6	30	男性	0	不整脈	転院
16081853-20151111	1	68	6	5	女	1	×	退院
15653972-20160513	0	不明		3	女	1	○	退院

・記号と文字が入力されています。
・1つの変数に複数の情報が入力されています。
・今回の分析に使わない情報が入力されています。

・今回の分析に使わない情報は削除します。

不整脈
0
0
1
0
0
0
1

使う情報のみに整理します。

・1つの変数に複数の情報が入力されています。
・排他処理されていません。

1つの変数に対して1つの情報量になるように処理します。

死亡	転院
0	0
0	0
1	0
0	1
0	1
0	0

情報量に応じて変数を作成します。

情報に応じて変数を作成します。

1つの性別に対して3つの表記が使われています。

文字型で処理する場合は、表記をそろえます。もしくは、数値に割り当てます。

表記がそろっていない場合、意図した出力結果になりません。

性別	度数
男性	3
男	2
ダンセイ	2
女	3

1つの変数に数値型と文字型が混在しています。

不明は欠損値扱いとします。Excelの場合、空白にしておくなどの対応をします。

図2.1-2　集計できないデータシートの例

・1 つの変数の値が 2 値のいずれかをとる場合

「ありーなし」、「はいーいいえ」、「男性ー女性」のように 2 値
をとる変数には、「1，0」の値を割り当てます。

> **例** 転倒あり＝1，転倒なし＝0
>
> 男性＝0，女性＝1

・1 つの変数の値が 3 値以上の中からどれかをとる場合

変数の値が 3 つ以上ある場合は、1 から始まる連続した値を
割り当てると便利です。この場合、ケースに対して必ずどれ
かの値が入る、つまり必ず 1 つ選択される（排他処理できる）
分類にします。複数選択される場合は 1 つの変数ではありま
せんので、変数の持ち方を再検討しなくてはなりません。

> **例** 15 歳未満＝1，15 歳〜 64 歳＝2，65 歳〜 84 歳＝3，
>
> 85 歳以上＝4
>
> 自立歩行＝1，一部介助＝ 2，全介助＝3

　データ型は、できれば分析計画の段階で決めておくことが望まし
いです。また、変数定義書に記載しておくと分析がスムーズです
し、分析結果をまとめるときにも大変有効です。

　集計できないデータシートの例を**図 2.1-2** で示しています。デー
タシートを作成する際はこの図を参考にしてみましょう。

1)-4 データシートを作成してみましょう

　この手順に従ってできたデータシートは**図 2.1-3** のような形に
なり、全て数値で入力されかつデータ型がそろっています。日々臨
床現場で活動し、看護管理や質改善のためのデータ分析を行おうと
考えていらっしゃる方は多いと思います。集めてきたデータを**表**

変数定義書のイメージ

変数番号	変数名	データ型	値	変数の カテゴリー名	データソース	定義
1001	分析用ID	文字型				任意
1002	患者ID	数値型				
1003	入院年月日	日付型			患者プロファイル（電子カルテ）	
1004	退院年月日	日付型				
1005	転倒	数値型	1	あり	インシデントレポート	インシデントレポートで転倒の報告があった患者＝1
			0	なし		
1006	年齢	数値型			患者プロファイル（電子カルテ）	入院時年齢：生年月日と入院日を使って算出
1007	年齢階級	数値型	1	15歳未満		
			2	15～64歳		「1006年齢」のデータを使って割り当て
			3	64～84歳		

分析可能なデータシートのイメージ

分析用ID	患者ID	入院年月日	退院年月日	転倒	年齢	年齢階級	在院日数	性別	移乗の状態	高血圧	貧血	骨粗しょう症	不整脈	死亡	転院
16046090-20161224	16046090	20161224	20170108	1	49	4	15	1	2	1	1	0	0	0	0
73111002-20151007	73111002	20151007	20151020	0	82	8	13	1	2	0	0	0	0	1	0
15366616-20160208	15366616	20160208	20160228	0	49	4	20	1	3	1	0	0	1	0	0
16082196-20151221	16082196	20151221	20160115	0	54	5	25	1	3	1	0	0	0	0	0
16016379-20160322	16016379	20160322	20160509	0	26	2	48	1	1	0	0	0	1	0	0
16019355-20151225	16019355	20151225	20160104	0	14	1	10	1	1	1	0	1	0	0	1
16061065-20151007	16061065	20151007	20151106	1	61	6	30	1	1	1	1	0	0	0	0
16081853-20151111	16081853	20151111	20151116	0	68	6	5	0	3	0	0	1	1	0	1

図2.1-3　集計可能なデータシートの例

2.1-2、表2.1-3 の変数定義書、チェックリストを使って分析用
のデータシートを作成してみましょう。

表2.1-2 **変数定義書**

変数番号	変数名	データ型	値	変数の カテゴリー名	データソース	定義

表2.1-3 **チェックリスト**

☐	①	分析単位ごとに1レコード（1行）になっている。 （例：患者が分析単位であれば、1患者1レコードになっている）
☐	②	目的変数は決まっている。
☐	③	説明変数の全てについてなぜ分析に必要かを説明できる。
☐	④	全ての変数の入力定義が明確になっている。
☐	⑤	データの型がそろっている。 （1つの変数に違う型［文字型、数値型］のデータが混在して入力されていない）
☐	⑥	カテゴリー変数は、必ずいずれか1つが選択できる項目になっている。
☐	⑦	セルに2つ以上の情報が入力されていない。
☐	⑧	テーブル定義書を作成した。

２）集めたデータを確認する

　集めたデータはすぐに分析に使えるわけではありません。集めたデータの中には、必ずと言っていい程入力ミスをはじめとしたエラーがありますので、分析に使えるデータにするために確認作業（データクリーニング）を行います。この作業をせずに実際の分析を行ってしまうと、本来の結果と異なる結果が出る、分析の途中で気づきやり直すということが生じます。確認作業の方法は、分析者によってやり方も様々ですが、必ず押さえておく基本的なことをお伝えします。

2)-1　入力ミスを確認する

　データを集める、もしくは入力する際に入力ミスは必ず発生します。１つは単位の間違いです。例えば、「身長」のデータを集める際、入力する値を「cm」、「m」のどの単位で入力するかを定義書に明記して統一した単位でデータを取得することは大前提ですが、それでも人がやることですので定義していても入力ミスが発生します。そのことを念頭に置いてデータを扱ってください。もう１つは単純な入力ミスです。「身長」のデータを「cm」で入力すると定義していても誤って入力し「170」を「1700」と入力してしまうケースなどです。

2)-2 外れ値を確認する

外れ値は、集めたデータ（入力値や観測値）が他のデータと比較して大きくかけ離れている値のことを言います。大きくかけ離れた値があると結果がゆがめられる場合があります。この大きくかけ離れた値が入力ミスで正しい値がわかる場合は修正し、わからない場合は除外するなどの処理を行います（**コラム 7**：82 ページ参照）。

外れ値は、前述のように桁違いなどの入力ミスによるものと、正しい値であるが非常に稀なケースとして、他の値と比較して大きくかけ離れた値が存在するケースがあります。例えば、1 患者あたりの入院医療費の調査をした際に、1 人だけ滅多にない高額な医療費を要した患者さんがいた場合などが挙げられます。このような値は他の値とかけ離れていますが実態として存在する値であり、実態を把握する上では無視できない値です。分析の目的に応じて除外すべきかどうかを判断します。外れ値を含めた分析をする場合は、外れ値が影響しない分析（解析）方法を選択します。

2)-3 欠損値を確認する

集めたデータの中に値（入力値や観測値）が "欠損している"、"入力されていない"、レコードが存在します。その場合、その変数を使用する場合にのみそのレコードを分析に使わない、あるいはそのレコードを全ての分析から除く処理をします。欠損値を補完する方法もありますが、どのような補完法が適切か、適切に補完できているかをどのように確認するのかなど、ややこしい問題が生じます。単に欠損値のあるレコードを取り除くだけでは、データに偏りを生じるおそれもあり、慎重な対応が必要です。欠損値がどの程度あり、

どのような傾向があるのか、丁寧に見ることが望ましいです。

　欠損値に「0」を入れて取扱うことは基本的にはしません。仮に変数が連続値であった場合は記述統計量を算出する際に「0」として計算しますので、平均値をはじめとした値が本来の結果と異なってきます。欠損値がある場合は、解析ソフトによって多少ことなりますが、Excelでは、「NULL」や「・」（中点）、「.」（ピリオド）を入力しておきましょう。そのレコードを外した分析をします。

2)-4 入力ミス、外れ値、欠損値を確認するには

　入力ミス、外れ値、欠損値を確認するには集めたデータの全ての変数に対して記述統計を行います（**第2章3節**）。連続変数（**第2章2節**）の場合は、5数要約（最小値、第1四分位数、中央値、第3四分位数、最大値）を算出し箱ひげ図やヒストグラム（**第2章3節**）を描きます。離散変数（**第2章2節**）の場合は、度数分布表を作成します。これらの作業である程度は入力ミス、外れ値、欠損値を確認できます。ただし、実態に近い値の入力ミスは発見できません。

・ コラム 2 ・

効率的に作業をするために 1
〜画面を分割する〜

　皆さんは、Excel で作業をする際に、見たい行や列が複数あり、それが離れていた場合、スクロールしながら行ったり来たりして作業がやりにくいと思ったことはありませんか？
　分析作業をする際に、作業環境を整えることは、分析ミスを防ぐためにもとても大事です。そこで、画面分割の機能をうまく使うと作業効率が上がります。

① Excel の画面を開き、「表示」をクリックします。

②次に、「分割」をクリックします。

③すると、このように画面が分割されます。

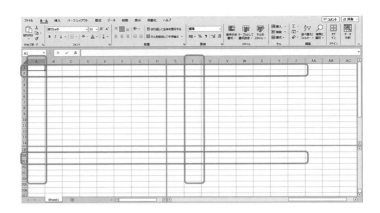

　行数が多いデータを処理する際、1行目を見ながら200行目を見たい、A列を見ながらT列を見たい、といったときにとても便利です。

　このとき、例えばB10からB205まで選択したいときは、B10をクリックした後で、「Shift」キーを押しながらB205をクリックすると、スクロールせずに長い領域が選択できます（**コラム4（1）**の⑤：33ページ参照）。ちなみに、「Ctrl」キーを押しながらクリックしていくと飛び飛びのセルが選択できます。

コラム 3

効率的に作業をするために 2
～複数のファイルやシートを見ながら作業をする～

　複数のファイルやシートを見ながら作業をする際、ファイルやシートを切り替えながら作業をすることがあります。ファイルやシート間の閲覧を反復して作業するのがやりにくいと思ったことはありませんか？

　例えば、データシートを見ながら変数定義書を作成する作業を例に 2 つのシートを見ながら作業をする方法をご案内します。

① Excel の画面を開き、「表示」をクリックします。

②次に、「新しいウインドウを開く」をクリックします。

③すると、同じ Excel のファイルが 2 つ開きます。

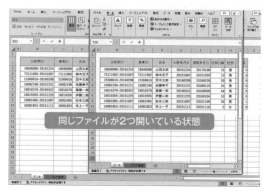

同じファイルが2つ開いている状態

④「表示」をクリックし、「整列」をクリックします。

⑤すると、このような画面が表示しますので、「左右に並べて
　表示」をクリックします。もちろん、上下のほうが見やすかっ
　たら「上下に並べて表示」を選択してください。

⑥このように、画面が左右に表示されます。最初は同じシート
　が 2 つ表示されますが、同時に閲覧・作業したいシートを
　それぞれ選択すると、このように、左にデータシート、右に
　変数定義書を表示させて作業をすることができます。

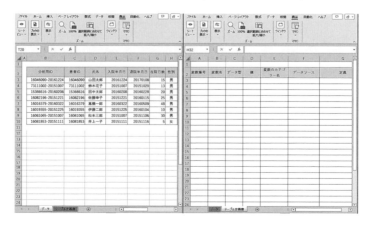

・コラム4・

コピーを手早く行う

　分析をする際、データの量（行の数）が多くなると、数式や値のコピーを手早くできると作業がとても効率的です。**コラム2**（29 ページ）で紹介した画面分割を使い、2 つのやり方をご紹介します。この機能を使うととても数式の計算が早くできます。

(1)「Ctrl（コントロール）」キーと「C」キーを使う方法
①分母と分子から割合を計算する式を全ての行にコピーするやり方を用いて、作業を紹介します。まず、D2 のセルに、計算式（=B2/C2*100）を入力します。

RANDBE...	:	× ✓ fx	=B2/C2*100	
	A	B	C	D	E
1	識別番号	分子	分母	割合	
2	100002	103	1686	=B2/C2*100	
3	100003	863	2125		
4	100006	657	3122		
5	100007	728	6013		

②計算式の結果が表示されます。

D2	▾	:	× ✓ fx	=B2/C2*100	
	A	B	C	D	E
1	識別番号	分子	分母	割合	
2	100002	103	1686	6.109134	
3	100003	863	2125		
4	100006	657	3122		
5	100007	728	6013		

③画面を分割し、最後の行（693 行目）が見えるようにします。
④計算結果が表示された D2 を選択し、「Ctrl（コントロール）」キーを押しながら「C」キーを押します。
⑤ D3 を選択し「Shift」キーを押しながら D693 を押すと⑥

の図のように選択した範囲がグレーに反転します。

⑥グレーに反転したら「Ctrl（コントロール）」キーを押しな
がら「V」キーを押します。するとグレーに反転した範囲に
計算結果が出力されます（⑦）。

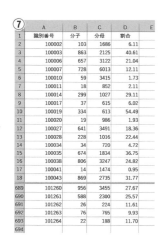

（2）フィルハンドルを使う方法

①前述の**（1）**①②まで同様の作業を行います。

②D2の右下の隅にカーソルを持っていくと「＋（フィルハン
ドル）」が表示されます。

③フィルハンドルが表示されたらダブルクリックすると、値
が入力されている行（693行目）まで計算式がコピーされ、
計算結果が出力されます。

D2		× ✓ *fx*	=B2/C2*100	
	A	B	C	D	E
1	識別番号	分子	分母	割合	
2	100002	103	1686	6.109134	
3	100003	863	2125		
4	100006	657	3122		
5	100007	728	6013		

関数を使う

　関数を上手く使えるようになると、分析を行う上でも様々なことが短時間でできるようになります。関数は、多数ありますので、ここでは詳しい説明を省きます。関数の種類等については、ハウツー本やインターネットなどで調べてください。

　ここでは、よく使用される関数の例を使って入力方法についてご紹介します。

例：D 列の割合（次ページ**（2）**画像①②）の平均値を算出する場合

（1）関数を使う─直接入力

　平均値を算出する関数は AVERAGE になります。1つの方法は、D694 のセルに「=AVERAGE(D2:D693)」と直接入力する方法があります。エンターキーを押して入力が終わると、D694 のセルに D2 から D693 までの数値の平均が表示されます。式を見たいときは、セルをクリックして上部の窓を見ると、数式が表示されています。通常、「=」に続けて式を入力すると画面にはその計算結果が表示されますが、もし、計算結果ではなくて入力されている式自体を画面に表示させたい場合には、メニューバーの「数式」から、「ワークシート分析」ブロックにある「数式の表示」をクリックすれば、計算結果ではなくて数式が表示されるモードに変わります。もう一度そこをクリックすると元のモードへ戻ります。

（2）関数を使う―もう1つの方法

①もう1つの方法は、D694のセルに「＝AVERAGE()」と入力し「（」（カッコ）と「）」（カッコ）の間にカーソルを持っていきます。すると（　と　）の間で「｜」が点滅します。

②**コラム2**（29ページ）の画面分割を使って、D2のセルを選択、「Shift（シフト）」キーを押しながらD693を選択すると図のように選択した範囲が反転し、（）の中にD2:D693が入力されます。エンターキーを押すと関数の計算結果（平均値）が表示されます。

	A	B	C	D
1	識別番号	分子	分母	割合
2	100002	103	1686	6.11
3	100003	863	2125	40.61
4	100006	657	3122	21.04
5	100007	728	6013	12.11
6	100010	59	3415	1.73
7	100011	18	852	2.11
8	100014	299	1027	29.11
9	100017	37	615	6.02
10	100019	334	613	54.49
11	100020	19	986	1.93
12	100027	641	3491	18.36
13	100028	228	1016	22.44
14	100034	34	720	4.72
15	100035	674	1834	36.75
16	100038	806	3247	24.82
17	100041	14	1474	0.95
18	100043	869	2735	31.77
689	101260	956	3455	27.67
690	101261	588	2300	25.57
691	101262	26	224	11.61
692	101263	76	765	9.93
693	101264	22	188	11.70
694				① =AVERAGE()

D694　=AVERAGE(D2:D693)

	A	B	C	D	E
1	識別番号	分子	分母	割合	
2	100002	103	1686	6.11	
3	100003	863	2125	40.61	
4	100006	657	3122	21.04	
5	100007	728	6013	12.11	
6	100010	59	3415	1.73	
7	100011	18	852	2.11	
8	100014	299	1027	29.11	
9	100017	37	615	6.02	
10	100019	334	613	54.49	
11	100020	19	986	1.93	
12	100027	641	3491	18.36	
13	100028	228	1016	22.44	
14	100034	34	720	4.72	
15	100035	674	1834	36.75	
16	100038	806	3247	24.82	
17	100041	14	1474	0.95	
18	100043	869	2735	31.77	
689	101260	956	3455	27.67	
690	101261	588	2300	25.57	
691	101262	26	224	11.61	
692	101263	76	765	9.93	
693	101264	22	188	11.70	
694				② =AVERAGE(D2:D693)	

（3）関数を使う―ほかにもある別の方法

ほかにも、関数ボタンを使う方法があります。

① D694 のセルを選択し、「数式」をクリックします。

② 「関数の挿入」をクリックします。

③ 「関数の挿入」のウインドウが開きます。そこで「統計」を選択します。

④ 「AVERAGE」を選択し OK ボタンを押します。

⑤ 関数の検索のボックスに「AVERAGE」と入力してもよいです。

⑥関数の引数を入力する画面が表示されます。

　　前述 **(2)** ②の手順と同様に画面分割を使って、D2 のセルを選択、「Shift（シフト）」キーを押しながら D693 を選択すると数値 1 に「D2:D693」と入力されます。

　　OK ボタンを押すと、D694 のセルに値（平均値）が出力されます。

2 データの性質を理解する

1）データとは何か？　あらためて考えてみる

　データには、「文字」、「言葉」、「数値」などがあり、それ単体では良い・悪い、高い・低いといった価値を含まないものです。本書で扱うデータは数値や文字であることを前提にして読み進めてください。

　私たちの日常生活の中には、多くの数値であふれています。インターネットや新聞、雑誌等のメディアでは、様々な形に加工された数値が紹介され、表やグラフを用いて説明されています。例えば、視聴率、あるスポーツチームの勝率、野球選手の打率、感染率、降水確率など日常生活の中でよく聞くこれらの数値は、ある調査、実験、観察などにより集められた数値の結果を表現したものや、それらをまとめて作成されたものになります。そして、これらの数値は、調査や実験の目的や伝える相手に応じて加工され意味ある情報として私たち（伝える相手）に伝えられます。このようなデータを取りまとめた結果は、完全でも完璧でもありませんので不確実性を伴います。一方で私たちは、データの全てを完全に集めることは多くの場合で困難ですが、一部のデータを用いることで集団全体について推測したり、過去のデータから未来・将来のことを予測したり、データの背景にあるメカニズムを推定したりすることが可能になります。データには限界があることを前提として、上手に活用することで様々な知見を得ることができます。

2）データの量と変数

　皆さん、何か調査をする際に「データを取ってくる」といった言葉をよく耳にすると思います。アンケート調査の場合、ここで言う「データを取ってくる」というのは、特定の集団に対してアンケート調査をすることを指していると思います。一つひとつの調査票のデータを「**個体**」、「**レコード**」と言い**図2.2-1**に示す1行に相当するものになります。レコードの個数をデータの大きさと言い、ビッグデータになるとこの個数が数千万、数億あるいはそれ以上という大きさになることもあります。レコードに含まれる項目に相当するものを「変数」または「変量」と言います。変数は、変化する値のことであり、各レコードについて、1つの方法で測定したときに得られる値となります。**図2.2-1**で示す「年齢」や「性別」といった収集する情報の項目に相当します。

患者名	年齢	性別	…	…
山田太郎	49	男性		
佐々木太朗	82	男性		
佐藤夏夫	49	男性		
鈴木花子	54	女性		
高橋梅子	26	女性		
田中春夫	14	男性		
伊藤華子	61	女性		
山本春子	68	女性		
中村冬夫	66	男性		

レコード

変　数

図2.2-1 レコードと変数

3）質的変数と量的変数

　変数には、質的変数と量的変数の2種類があり、変数がとる値の性質によってそれぞれが2つの尺度に大別されます。データの種類・尺度によって、グラフの選択や記述統計や分析の方法などデータの取り扱い方法が異なります。しっかりとデータの種類について理解しておく必要があります。

　質的変数は、カテゴリーや分類、分類の違いを示すために使うデータになります。例えば、性別、血液型、満足度（例えば5段階）、病期（例えば5段階）などが質的変数になります。質的変数は、名義尺度と順序尺度に分類されます。名義尺度は、性別や血液型のようにカテゴリー間に順序関係がないものになります。これに対して順序尺度は、満足度（1：とても不満、2：不満、3：どちらとも言えない、4：満足、5：とても満足）や病期のようにカテゴリー間に順序としての意味をもつ変数となります（**図2.2-2**）。

　量的変数は、世帯数、検査値、気温、身長、体重といった大きさや量などの数値で与えられる変数になります。量的変数は、さらに、間隔尺度と比尺度に分類されます。間隔尺度は、体温（℃）、西暦のように数値の大小関係や差の大きさに意味があり、相対的な意味を持つものです。比尺度は、身長、体重など数値の大小関係だけでなく大きさや比に意味があり、0という値は絶対的な意味のある値を持つ変数になります（**図2.2-2**）。

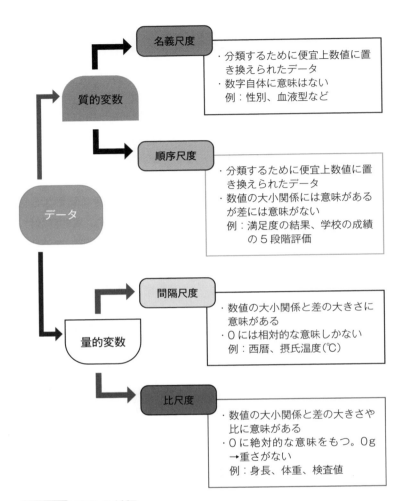

図2.2-2 変数の種類

4）離散変数と連続変数

　量的変数は、間隔尺度と比尺度という分類とは別に離散変数と連続変数という分類もあります。離散変数は、例えば、サイコロの目、年齢、リッカート尺度のように多段階の選択肢を数値化したものなどで整数の値（離散値）しかとらない変数です。質的変数も離散変数に含まれます。

　これに対し、連続変数は、身長や体重、血液検査の検査値など連続的な実数値を取る変数です。200点満点の試験の点数や在院日数など取りうる値が多く刻み幅が小さい場合、離散値をとる変数であっても連続値として取り扱う場合もあります。

✎ **練習問題 2.2 - 1**

　次の変数のうち、連続変数を全て選んでください。

　　① 患者 ID

　　② 患者の居住地の郵便番号

　　③ 身長

　　④ 気温

　　⑤ 薬物の血中濃度

3 データの特徴をとらえる

　データ分析をする際には、分析する集団（分析対象）の全容を把握することがとても重要で、データ分析の初期の段階で分析に使う変数全てに対してこの作業を行います。そうすることで、分析する集団がどういう集団なのかという特徴を数値的にとらえることができます。これから説明する度数分布等の図表や代表値等を使ってデータの特徴をとらえることを**記述統計**と言います。この節は、自分が扱う集団を把握する上で必ずやらなくてはならない工程になります。時々目にするのが、収集したデータで記述統計をせずに、いきなり χ^2 検定や t 検定をされている方を見かけますが、ある程度データ分析ができる形に整ったら（**第2章1節**の作業をしたら）、記述統計を行います。それにより、思わぬ誤解に基づく、的外れな結論を導く可能性を減らすことができます。

コラム 6

全ては可視化から

　医療は日進月歩です。日々新たな技術や知見が生み出されています。医療の進化を振り返ってみると全ては可視化から始まっていると思いませんか？　レントゲン、CT、MRI、エコー、心電図、胎児心拍モニター、生体検査の結果など、医療の進化を成し遂げた根幹には、見えないものを見えるようにすることを積み重ねてきた結果であると思います。

　これは、データ分析においても同じです。分析対象となる集団は、どのような集団なのか、若い人が多いのか、高齢者が多いのか、どのような回答をしている人が多いのかなど、分析者は扱う集団がどういう集団か、イメージできるまで取得したデータ（変数）の記述統計を行います。これが集団をとらえることになり、分析の最初に行うおろそかにはできない作業です。

　皆さんも分析をする際には、扱う集団が端的に表現できるまでしっかりと記述統計をやってみましょう！

記述統計を
おろそかにしては
いけません！

1）度数分布表とヒストグラム

　度数分布表やヒストグラムを作成すると分析する集団（分析対象）の全容が概観でき、集団の特徴がつかめます。具体的には、集団の分布、平均値や中央値のおおよその位置、データのばらつきを視覚的に把握することができます。

　変数がとる値を一定の範囲ごとにグループ分けした区間を階級と言います。階級ごとの個数をその階級の**度数（頻度）**と言い、それを表にしたものを度数分布表と言います。また、グラフにしたものをヒストグラムと言います。離散変数で取りうる値の個数が小さい場合は、グループ分けをする必要がないので、値ごとに度数分布表を作成することが可能です。

　度数分布表に示される数値は、次の通りです。

度数分布表に示される数値

階級値（階級の代表値）：
　　　　　　　　階級を代表する値で、各階級の上限と下限の中
　　　　　　　　央の値
　相対度数：各階級の度数の全体に占める割合を表す値（単
　　　　　　　　位は％）
　累積度数：度数を階級の小さい順に累積して得られる値
累積相対度数：相対度数を階級の小さい順に累積して得られる
　　　　　　　　値（単位は％）

表 2.3-1　度数分布表

ある月の残業時間	度数 （人）	相対度数 （%）	累積度数 （人）	累積相対度数 （%）
0～　5 時間未満	15	7.61	15	7.61
5～10 時間未満	22	11.17	37	18.78
10～15 時間未満	44	22.34	81	41.12
15～20 時間未満	45	22.84	126	63.96
20～25 時間未満	30	15.23	156	79.19
25～30 時間未満	15	7.61	171	86.80
30～35 時間未満	10	5.08	181	91.88
35～40 時間未満	7	3.55	188	95.43
40 時間以上	9	4.57	197	100.00
合計	197	100.00	―	―

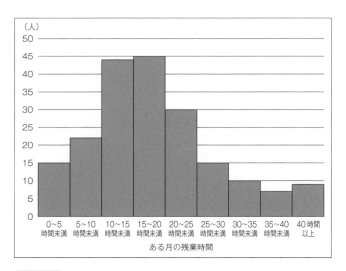

図 2.3-1　ヒストグラム

　度数分布の階級の数は、目安としておおむね5～15と言われていますが、データの量（大きさ）によって階級数は変わります。データの個数が少ない場合は階級数を減らす必要があります。度数分布表は、分析対象集団の1つのデータ（変数）の全体的な様子をとらえるために作成しますので、分析の目的に合わせて適切な階級数を設定します。階級値は、グラフの1つの棒の中央の値になります。

　ヒストグラムは連続変数の度数分布表を柱の面積で示したグラフで、横軸に変数の値をとり縦軸に度数を取ります。それぞれの階級の区間で示される面積が度数に比例する形で長方形（棒）を描きます。全ての区間の間隔（幅）が同一の場合、面積も長さも度数と比例しますが、階級の幅が一定でない時に長方形の高さを度数に比例させたヒストグラムを作成すると、階級幅が大きい階級ほど、長方形の面積が大きくなる可能性があり、実際の分布とヒストグラムで示される図に乖離が生じ、分布に対して誤った印象を与えることがあります。このような階級幅に注意した表の代表例として、総務省の実施している「家計調査」で示される年間収入のヒストグラムがあります。

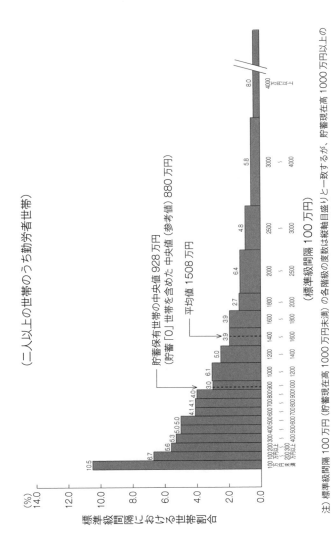

図 2.3-2 階級幅に注意したヒストグラム

出典：家計調査報告（貯蓄・負債編）－2021 年（令和3年）平均結果－（二人以上の世帯）
https://www.stat.go.jp/data/sav/sokuhou/nen/pdf/2022_gai2.pdf

注）標準級間隔 100 万円（貯蓄現在高 1000 万円未満）の各階級の度数は縦軸目盛りと一致するが、貯蓄現在高 1000 万円以上の各階級の度数は階級の間隔が標準級間隔よりも広いため、縦軸目盛りとは一致しない。

練習問題 **2.3-** 1

　次の表はある病院のある月のナースの残業時間を示したものです。度数分布表を見てわかることとして、①〜⑤のうち適切でないものを 1 つ選んでください。

ある月の残業時間	度数（人）
0 〜 5 時間未満	16
5 〜 10 時間未満	25
10 〜 15 時間未満	50
15 〜 20 時間未満	54
20 〜 25 時間未満	33
25 〜 30 時間未満	20
30 〜 35 時間未満	14
35 〜 40 時間未満	9
40 時間以上	10
合計	231

① 最も度数が大きい階級は、「15〜20 時間未満」です。

② 残業時間が 20 時間以上のナースは、86 人です。

③「30〜35 時間未満」の相対度数は 14 です。

④ 残業時間が 10〜20 時間未満のナースの割合は、45.02％です。

⑤ ナースの半数以上は、月の残業が 20 時間未満です。

やってみよう 1

**Excel 関数を使って階級値を設定し、度数分布表を作成して
みよう!**

　この表は、ある病院の産科に通院する妊産婦さん 200 人の年
齢のデータです。
　Excel 関数とピボットテーブルを使って 10 歳間隔の度数分布
表を作成してみましょう。

● **階級を設定する**

①年齢（B1）のセルの隣（C1）に「年齢階級」と入力します。

	A	B	① C	D
1	患者ID	年齢	年齢階級	年齢階級2
2	1001	29	2	20 歳代
3	1002	30		
4	②		=INT（B2/10）	
5	1005	26		
6	1005	26		
7	1006	28		フィルハンドル
8	1007	28		
9	1008	25		
10	1009	25		
11	1010	22		
12	1011	33		
13	1012	20		
14	1013	26		

③ =IF(B2<10,"0 歳代 ",IF(B2>=40,"40 歳
以上 ",INT（B2/10）&" 0 歳代 "))

	A	B	C	D
191	1191	33		
195	1194	42		
196	1195	25		
197	1196	26		
198	1197	29		
199	1198	33		
200	1199	35		
201	1200	28		

②年齢階級は、10 歳未満を 0 歳代、それ以降を 10 歳刻みで階
級を設定します。ここでは、INT 関数を使います。

INT 関数：小数点以下を切り捨てて整数にする関数

C2 のセルに「=INT(B2/10)」と入力します。すると、患者
ID1001 の妊婦さん年齢は 29 歳であるので、「2」と表示さ
れます。

C2 のセルを選択しセルの右下にカーソルを持っていくと+の
マークが表示されます。これをフィルハンドルと言います。
フィルハンドルをダブルクリックすると、値が入っている行（こ
こでは 201 行目）まで、この式がコピーされ、計算式の結果
が出力されます。

③ 10 歳未満を 0 歳代、10～19 歳を 10 歳代・・・という階
級で階級値を表示させたい場合は、INT、IF 関数を使って表
示させることができます。この場合の変数名を「年齢階級 2」
と設定します。

D2 のセルに
「=IF(B2<10, "0 歳　代　", IF(B2>=40, "40 歳　以
上", INT(B2/10)&"0歳代"))」

と入力します。②と同様にフィルハンドルをダブルクリックし
ます。①～③の作業が完成すると次の表④になります。

● ピボットテーブルを使って度数分布表を作成する

④使うデータ A1～D201 を選択します。

④	A	B	C	D
1	患者ID	年齢	年齢階級	年齢階級2
2	1001	29	2	２０歳代
3	1002	30	3	３０歳代
4	1003	35	3	３０歳代
5	1004	26	2	２０歳代
6	1005	26	2	２０歳代
7	1006	28	2	２０歳代
8	1007	28	2	２０歳代
9	1008	25	2	２０歳代
10	1009	25	2	２０歳代
11	1010	22	2	２０歳代
12	1011	33	3	３０歳代
13	1012	20	2	２０歳代
14	1013	26	2	２０歳代
192	1191	35	3	３０歳代
193	1192	40	4	40歳以上
194	1193	41	4	40歳以上
195	1194	42	4	40歳以上
196	1195	25	2	２０歳代
197	1196	26	2	２０歳代
198	1197	29	2	２０歳代
199	1198	33	3	３０歳代
200	1199	35	3	３０歳代
201	1200	28	2	２０歳代

⑤次にメニューバーにある「挿入」を選択します。

⑥「ピボットテーブル」を順に選択します。

⑦新規のワークシートをクリックします。

⑧「OK」を選択します。

⑨「ピボットテーブルのフィールド」が表示されるので

　　　行に　年齢階級２

　　　値に　患者 ID

をドラッグします。

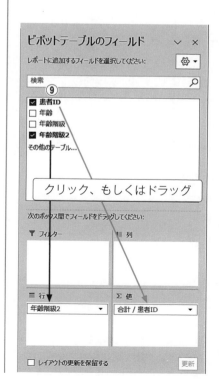

⑩値　「合計 / 患者 ID」の▼をクリックして、「値フィールドの
　設定」をクリックします。

⑪「値フィールドの設定」画面が表示されるので、「個数」を選
　択し「OK」ボタンをクリックします。

⑫このように度数分布表が出力されます。

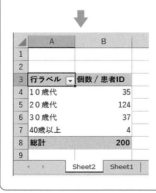

行ラベル ▼	個数 / 患者ID
10 歳代	35
20 歳代	124
30 歳代	37
40 歳以上	4
総計	200

※元のデータは sheet 1
ピボットテーブルは sheet 2

やってみよう 2

①ヒストグラムを書きたいデータがある Excel のシートを開い
　てから、メニューバーにある「データ」をクリックします。

②「データ分析」をクリックします。

　「データ分析」が表示されていない場合は、「●**「データ分析」**
　が表示されていない場合」（60 ページ）を参照してください。

③分析ツールの画面が表示されます。

④「ヒストグラム」をクリックします。

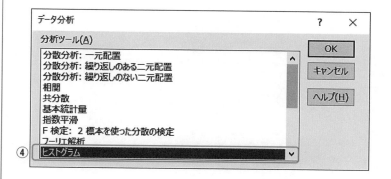

⑤「ヒストグラム」の設定画面が表示されます。**入力範囲**にカーソルを合わせ B2 から B201 を選択すると、「$B$2:$B$201」が入力されます。

⑥同様に**データ区間**の設定範囲を選択します（これは事前に準備しておきます）。今回は、図の D 列に年齢階級幅を 5 歳で設定しています。20 歳未満、20～24 歳、25～29 歳・・・という階級設定です。各階級の**最大値**をデータ区間として設定します。

⑦グラフ作成に ✔ します。

⑧このようにヒストグラムが表示されます。

　出力されるヒストグラムでは棒と棒の間隔があいています
が、連続値をカテゴリー化している場合は、⑨の図のように間
隔を0にしてグラフを作成するように心がけましょう。

⑨データ区間を階級値に記載すると度数分布表とヒストグラムが
完成します。

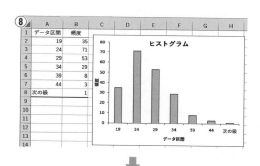

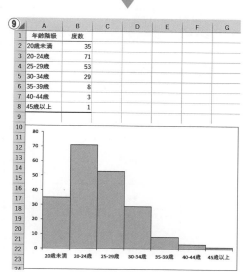

●「データ分析」が表示されていない場合

⑩「データ分析」が表示されていない場合は、「ファイル」をクリックします。

⑪「オプション」をクリックします。オプションが見えない場合は、「その他」を選択すると「オプション」が見える場合があります。

⑫「アドイン」をクリックします。

⑬「分析ツール」をクリックします。

⑭「OK」をクリックします。

　　この作業により、②のように「データ分析」が表示されます。

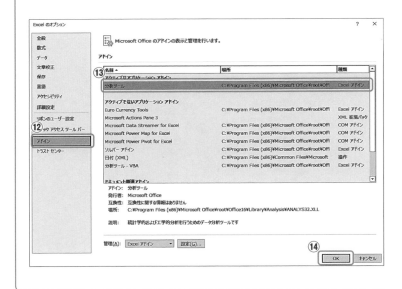

2）分布の特徴

　ヒストグラムによりデータの分布の様子が可視化され、概観することができました。この可視化により、自分が集めた各変数の分布の中心はどのあたりか、データの散らばりはどの程度なのか、裾が長いのか短いのか、左右対称なのか、右もしくは左に裾が長い非対称な分布なのかなどを把握することができます。ヒストグラムの概形にはいくつかのパターンがあります。ヒストグラムで描かれる図は山のような形をしており、「峰<ruby>みね<rt></rt></ruby>」と言います。

　この峰が1つ（単峰<ruby>たんぽう<rt></rt></ruby>）の場合、
　①山が左右対称：山の頂点が分布範囲の真ん中（あたりにある）（**図2.3-3a**）
　②右に裾が長い：度数のピークが左側にあり、大きい値が存在する（**同図　b**）
　③左に裾が長い：度数のピークが右側にあり、小さい値が存在する（**同図　c**）
　④一様：どの値（階級）も同程度の度数になっている（**図2.3-4**）

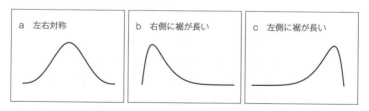

図2.3-3 **分布の形（a、b、c）**

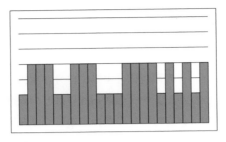

図2.3-4 分布が一様の例

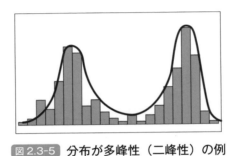

図2.3-5 分布が多峰性（二峰性）の例

　集めたデータの分布が必ずしも単峰性とは限りません。データによっては、峰が複数（多峰）の場合があります。ヒストグラムを描くことで、単峰性か多峰性かは容易にわかります（**図2.3-5**）。

　多峰性の場合、データに複数の異なる分布を持つ集団が混ざっている、データの大きさ（個数）が十分ではないなどの理由が考えられます。その場合、扱う集団を1つの集団として分析するのに適しているのかという点で疑義が生じるので、分析対象集団について再度検討する必要があります。データが単峰性か多峰性かは、ヒストグラムを描き分布の特徴をとらえる作業をしなくてはわかりません。分布を把握せずに、平均値や中央値を算出してもそれが集団を

代表する値といっていいのかどうか、定かではありません。

　データを手にしたら、まずは**図にしてながめる**ことがとても重要でかつ不可欠な作業なのです。

考えてみよう **1**

　下図は、ある病院のある年の入院中に転倒した患者数を入院相対日（入院日数；入院何日目か）別にヒストグラムにしたものです。

　医療安全管理部のナースの山田さんは、このグラフを見て転倒患者数が多い入院 2 日目〜4 日目が転倒リスクが高いという見解を出しました。

　さて、この見解は正しいでしょうか？

　「正しくない」と回答した人は、その理由も考えてみましょう。

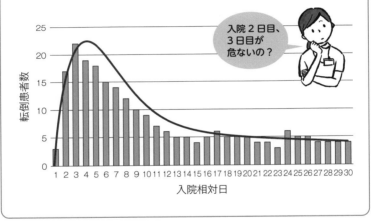

正解：正しくありません。

　まず、このヒストグラムから読み取れるのは、転倒した患者のうちで多かったのが入院 2 日目〜4 日目の患者さんであるということです。

　「転倒した患者さんのうち多かったのが入院 2 日目〜 4 日目である」ということと、「入院 2 日目〜4 日目の患者さんの転倒リスクが高い」ということは別の話です。

　患者さんは一定期間経過すると退院していきますので、入院相対日が長くなるほど患者数は減っていきます。つまり、入院 3 日は入院 20 日

目と比較すると患者数が多いため、転倒する人も多くなる可能性があります。

　入院相対日別に転倒率をみるためには、入院相対日別の患者数で割り算して人数当たりの転倒数を計算する必要があります。下図は、入院相対日別に以下の式で転倒率を算出した値をグラフにしたものです。

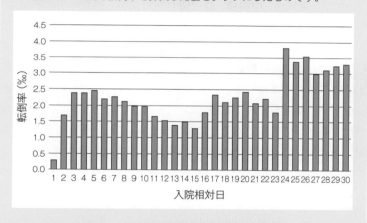

$$転倒率（‰）\frac{入院相対日別の転倒患者数}{入院相対日別の入院患者数} \times 1000$$

　この結果を見ると、入院2日目〜4日目の転倒率が他の日と比較して高いとは言えなさそうです。

3) データの位置

　データを集めてきて、1つの値で代表させるとしたら、それはどのような値が適切でそのデータ集団を代表している値と言えるのでしょうか。データの分布の中心の位置を示す値のことを代表値と言い、主に、**平均値、中央値、最頻値**があります。これらの代表値は、特にデータ（集団）が大きいときに1つの値で集団の値を要約できるとても便利なものです。大きな集団を1つの値でもって「総じて〇〇、だいたい●●」と言うことになりますので、集団を代表する値でなくてはなりません。最もなじみがあるのが平均値だと思いますが、集団を代表する値という視点に立つと、いつでも平均値が代表値として適切であるとは言えません。これを機会にデータ（集団）を代表する値という観点であらためてこれら3つの値について考えてみましょう。

> ### データ（集団）を代表する値
> 平均値、中央値、最頻値

平均値（Mean）

　平均値は、n個の得られたデータの総和を**データ数**（n）で割った値になります。データの分布が左右対称である場合、平均値が集団の中心の値になりますが、左右対称ではない場合は平均値がその集団を代表しないことがあります。例えば、集団の中に他の値とはかけ離れて大きい（もしくは小さい）値があった場合、平均値がそれらの値の影響を受けます。このように、集団の中に他の値とはかけ離れて大きい（もしくは小さい）値のことを**外れ値**と言います。平均値は外れ値の影響を受けやすい代表値です。

中央値（Median）

中央値は、n 個の得られたデータ大きさの順に並べて真ん中に位置する値で、メジアン、中位数とも言います。n の個数が奇数の場合は（n＋1）/2 番目の値が中央値がとなり、偶数の場合は n/2 番目の値と（n＋1）/2 番目の平均値が中央値になります。データの中央の値ですから、外れ値の影響を受けません。

最頻値（Mode）

最頻値は、度数が最も多い値で、出現頻度が高い値のことです。連続変数でデータ数が多い場合、ヒストグラムの度数が最も多くなる値、度数分布表の度数が大きい階級または階級値のことを最頻値と言います。最頻値も中央値と同様に外れ値の影響を受けませんが、階級の取り方によって度数が変わってくることに注意する必要があります。

3 つの代表値の関係

ここで 3 つの代表値の関係性についてみていきます（図 2.3-6）。

データが左右対称の 1 つの山から成る分布をしている場合、平均値、中央値、最頻値の 3 つの値はほぼ同じ値になります。これに対して右側に裾が長い分布の場合は、最頻値＜中央値＜平均値の関係になり、左側に裾が長い分布では平均値＜中央値＜最頻値になります。

平均値は、外れ値の影響を受けます。極端に大きい値や小さい値があった場合、平均値が大きく変わることがあり、その場合、平均値がその集団を代表する値とは言えなくなります。むしろ中央値のほうが集団を代表している値と言えます。データを手にしたら、これも前述していますが、分布を**図にしてながめて**データの特徴をつかむことが重要です。皆さんもデータを手にしたら、分布を見て手にしたデータの集団に適した代表値を考えてみてください。

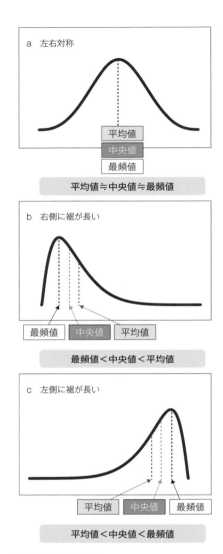

図 2.3-6 ３つの代表値の関係

分位数・パーセンタイル

　分位数は、データを小さい順に並べ、データ全体をいくつかのグループに分けたときの境界となる値のことです。よく使われるのが四分位数です。これと同様によく使われるのがパーセンタイルです。パーセンタイル値は、データを小さい順に並べて、パーセント表示することで計測した値が集団のどの位置かを示す値です（**図2.3-7**）。10パーセンタイル値は、データを小さい順に並べて10%に位置する値であり、仮にデータが100個あった場合10番目の値になります。

　四分位数の場合、第1四分位数は25パーセンタイル値、第2四分位数は50パーセンタイル値、第3四分位数は75パーセンタイル値になります。第2四分位数は中央値でもあります。

100人の集団

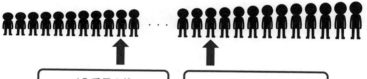

| 10番目の値
10パーセンタイル値 | 90番目の値
90パーセンタイル値 |

図2.3-7 100人の集団における代表値

練習問題 2.3 - 2

次の記録は、華子さんが所属している病棟のナース 15 人のある休日の睡眠時間の記録です。次の問いに答えてください。

> 18, 6, 4, 7, 3, 4, 6, 9, 6, 8, 17, 6, 5, 5, 5

（1）平均値と中央値と最頻値をそれぞれ求めてください。

（2）華子さんの睡眠時間は、7 時間でした。華子さんのお姉さんに自身の休日の睡眠時間と、病棟ナースの平均睡眠時間を聞かれました。それに華子さんは答えると、「華子は、病棟ナースの中では睡眠時間が少ないほうなんだね」と言われました。お姉さんの意見に対する反論とその理由を述べてください。また、代表値としてふさわしい値を答えてください。

やってみよう 3

　この表は、ある病院のある日の病棟ごとの「重症度、医療・看護必要度」の評価基準を満たす患者割合をまとめたものです。

　この日の、平均値、中央値、四分位数を Microsoft Excel の関数を使って算出してみましょう！

	A	B
1	病棟	患者割合(%)
2	N1	24.1
3	N2	13.3
4	N3	40.9
5	N4	35.0
6	N5	2.5
7	N6	25.0
8	S1	23.1
9	S2	7.0
10	S3	29.4
11	S4	25.2
12	S5	3.1
13	S6	11.2
14		
15	平均値	20.0
16	第1四分位	10.2
17	中央値	23.6
18	第3四分位	26.2

平均値を算出する関数は、AVERAGE（アベレージ）です。
ここのセルに　＝AVERAGE(B2:B13)
と入力すると、N1 から S6 病棟の平均値が出力されます。

四分位数を算出する関数は、QUARTILE（クォータイル）です。
ここのセルに　＝QUARTILE(B2:B13,1)
と入力すると、N1 から S6 病棟の第 1 四分位数が出力されます。
=QUARTILE(B2:B13, 1)

出力したい
値の範囲

戻り値：
　　第 1 四分位数の場合　　1
　　第 3 四分位数の場合　　3

2 番目の引数は戻り値の種別を指定する引数になります。
四分位数を算出する関数はほかにも、QUARTILE.INC や QUARTILE.EXC があります。

中央値を算出する関数は、MEDIAN（メジアン）です。
ここのセルに　＝MEDIAN(B2:B13)
と入力すると、N1 から S6 病棟の中央値が出力されます。中央値（第 2 四分位数）は 50 パーセンタイル値ですので QUARTILE 関数で戻り値を 2 にして算出することもできます。
四分位数を算出する関数には、中央値（メジアン）を含めるか含めないかに応じて QUATILE.INC や QUATILE.EXC もあります。また、パーセンタイル関数 PERCENTILE（　,　）も使えます。第 1 四分位数は 25 パーセンタイル値、中央値は 50 パーセンタイル値、第 3 四分位数は 75 パーセンタイル値です。2 番目の引数は 0 以上 1 以下の数値となります。

4）データの散らばり

　データをながめるときに必要なのは、データの位置を知ることとともにデータの散らばりを知ることです。ここではデータの散らばりについて説明します。

範囲（range）

　範囲は、データの**最小値**と**最大値**の差です。

四分位範囲（interquartile range：IQR）

　四分位範囲は、第3四分位数から第1四分位数を引いた値のことです。この範囲にデータの50%が入る値になります。つまり100個のデータがあった場合、50個の値はこの範囲に入ることになります。

分散（variance）と標準偏差（standard deviation：SD）

　データ（集団）がどのくらい散らばっているかは、範囲や四分位範囲でみることができましたが、もう少し細かく散らばり具合を見ていきたいと思います。データ（集団）の散らばりを分解していくと、一つひとつのデータ（数値）が平均値からどのくらい離れているかを見ることになります。

　観測値（一つひとつのデータ）と平均値の差を**偏差**と言います。

偏差＝観測値－平均値

　そして、偏差の**平方和**（二乗したものの総和）をデータの個数で除した値を**分散**（標本分散）と言います。つまりこれは、標本から計算した分散になります。一方で、標本が属している母集団の分散を推定した値を不偏分散と言い、「偏差^{2}の総和」を「データの個数－1」で除した値になります。97ページにも説明がありますの

表2.3-2 ある日の各病棟における「重症度、医療・看護必要度」の基準を満たす患者割合

病棟	患者割合（%）
N1	24.1
N2	13.3
N3	40.9
N4	35.0
N5	2.5
N6	25.0
S1	23.1
S2	7.0
S3	29.4
S4	25.2
S5	3.1
S6	11.2

平均	20.0
標準偏差	11.9
分散	142.6

平均値20.0%（SD＝11.9）といった記載をよく見かけますよね

平均値＝20.0%
標準偏差11.9%

※平均値も標準偏差も元と同じ単位（%）となりますが、分散は単位が違うので%をつけるわけにはいかないのでご注意ください。

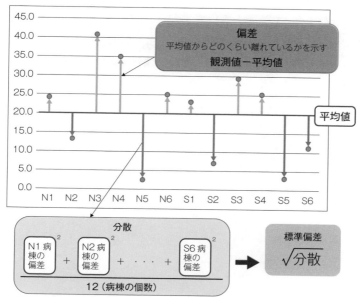

※ここでは病棟ごとの人数の違いを無視して単純に平均をとっていますが、各病棟の人数も考慮して（加重平均などを使った）分析の方が適切な場合もあるでしょう。

図2.3-8 ある日の各病棟における「重症度、医療・看護必要度」の基準を満たす患者割合

でご覧ください。また、エクセルでは、「=VAR()」とすれば不偏分散、標本分散を計算するなら「=VARP()」とする必要があります。

$$分散 = \frac{偏差^2 の総和}{データの個数}$$

　分散が大きいと平均値から離れた値が多いことを示し、分散が小さいと平均値に近い値が多いことを示します。

　標準偏差は、分散の正の平方根になります。つまり $\sqrt{分散}$ です。なぜ、平方根にするかというと、こうすることで、単位がもとの値と同じになるからです。

　これまで説明してきたデータの特徴をとらえるための代表値（平均値、中央値、最頻値）や最小値、最大値、範囲、分散、標準偏差などの値を基本統計量と言います。これらの値を、分析ツールを使って算出してみましょう（＊本来は、歪度や尖度も含みますが、本書では説明しておりませんので、さらに理解を深めたい方は、専門書で確認してください）。

やってみよう 4

分析ツールを使って基本統計量を出してみよう！

① **やってみよう2**の①②（57 ページ）と同様に、「データ」→「データ分析」をクリックします。

② 「基本統計量」を選択し、「OK」クリックします。

③ **やってみよう2**と同様に入力範囲を選定します。

④ 「統計情報」にチェックします。

⑤ 「OK」をクリックします。

⑥ このような表（右側⑥）が出力されます。

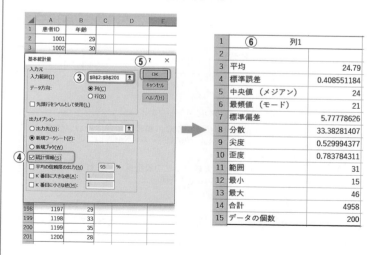

	列1	
2		
3	平均	24.79
4	標準誤差	0.408551184
5	中央値 （メジアン）	24
6	最頻値 （モード）	21
7	標準偏差	5.77778626
8	分散	33.38281407
9	尖度	0.529994377
10	歪度	0.783784311
11	範囲	31
12	最小	15
13	最大	46
14	合計	4958
15	データの個数	200

5）箱ひげ図

　最小値、第1四分位数、中央値、第3四分位数、最大値、の5つの数値を5数要約と言います。この5数を「箱」と「ひげ」を用いてデータの分布を示す図を箱ひげ図と言います。箱ひげ図は、ヒストグラムと同様にデータの散らばりや偏りを表現し比較するのに便利なグラフで、データ（集団）の特徴をとらえることができます。ただし、多峰性の分布を持つデータの場合、箱ひげ図ではそれを表現できないため、箱ひげ図は有効ではありません（**図2.3-9**）。

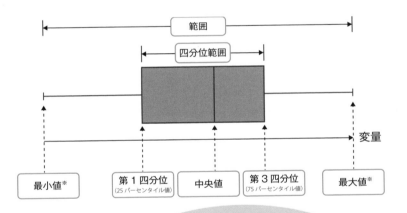

箱の中に全データの半分が入ります。
箱が小さい：この集団の半数は近しい値で分布し、値のばらつきが小さいことを示します。
箱が大きい：この集団は、値のばらつきが大きいことを示します。

※最小値や最大値でない値を使う流儀もあります。詳しくは、**コラム7**をご参照ください。

図2.3-9　箱ひげ図

　箱ひげ図は、ひげの端が最小値と最大値を示し、箱の両端は第
1四分位数（25パーセンタイル値）と第3四分位数（75パーセ
ンタイル値）を示します。箱の中の線は、中央値を示します。平均
値を箱の中に＊や×で示すこともあります。箱の大きさが「四分位
範囲」を示し、ひげの端から端が「範囲」になります。箱の大きさ
とひげの長さでデータのばらつきがわかります。Microsoft Excel
で箱ひげ図を描く場合、極端に小さいもしくは大きい値は「外れ値」
と認識され、特異ポイントとして表示されます。外れ値の基準は、
箱の外側で四分位範囲の1.5倍もしくは3倍よりも離れた値が多
く用いられます。外れ値が存在する場合のひげの端は、外れ値の値
を考慮した値になります。図によっては、ひげの両端を10パーセ
ンタイル値（10パーセンタイル値と90パーセンタイル値）にし
ていることもありますので、その図で示されているひげの両端がど
の値を示しているかを認識する必要があります。

　箱ひげ図のひげが長いと裾が長い分布であることがわかります。
箱は全データの半数が位置する値を示していますので、箱が小さい
とこの集団の半数は比較的近しい値にあることがわかります。デー
タの分布と箱ひげ図の関係を示したものを**図2.3-10**に示します。

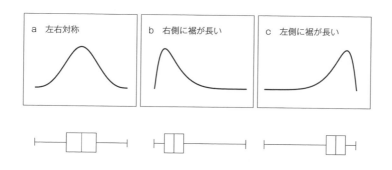

図2.3-10 箱ひげ図の分布の形

練習問題 2.3 - ③

代表値の特徴に関する記述として適切でないもの全てを選んでください。

① データの大きさ n が小さい時には、連続変数の最頻値は意味を持たないことがあります。

② 最大値よりも大きな観測値を1つ加えると、中央値は必ず大きくなります。

③ 最大値よりも大きな観測値を1つ加えると、平均値は必ず大きくなります。

④ 左右対称で1つの峰の分布をしているときには、平均値、中央値、最頻値は、いずれも近い値となります。

⑤ 2つの峰の分布が存在しているときでも、箱ひげ図は、集団をとらえるのに有効な図として活用できます。

やってみよう 5

　次の表は、ある病院のある年の 10 月の「重症度、医療・看護必要度」の評価基準を満たす患者割合を日・病棟ごとに記録したものです。Microsoft Excel を使って病棟別の箱ひげ図を描いてみましょう！

①データを準備します

②箱ひげ図を作成するデータを選択します（枠線部分）。

	A	② B	C
1	評価月日	病棟名	必要度基準を満たす患者割合
2	10/1	N1	0.250
3	10/1	N2	0.433
4	10/1	N3	0.241
5	10/1	N4	0.080
6	10/1	N5	0.304
7	10/1	N6	0.206
8	10/2	N1	0.231
9	10/2	N2	0.324
10	10/2	N3	0.320
11	10/2	N4	0.360
12	10/2	N5	0.379
13	10/2	N6	0.182
14	10/3	N1	0.286
15	10/3	N2	0.500
178	10/30	N3	0.355
179	10/30	N4	0.308
180	10/30	N5	0.391
181	10/30	N6	0.324
182	10/31	N1	0.200
183	10/31	N2	0.563
184	10/31	N3	0.235
185	10/31	N4	0.308
186	10/31	N5	0.333
187	10/31	N6	0.395

③②の範囲のデータを選択し、挿入→グラフ→箱ひげ図を選択します。

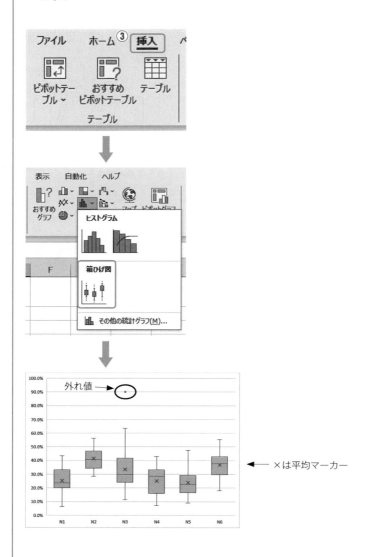

箱ひげ図の箱の中でダブルクリックをすると「データ系列の書式設定」が表示されます。 の部分をクリックすると図の画面表示になります。

外れ値は、「**特異ポイントを表示する**」にチェックが入っている場合に表示されます。

平均値（×印）は、「**平均マーカーを表示する**」にチェックが入っている場合に表示されます。

第1・第3四分位数を求めるときに、中央値を含めて求めるか、外して求めるかが選択できます。

　包括的な中央値（inclusive）：
　　関数 QUARTILE.INC（配列 , 戻り値の指定）に同じ
　排他的な中央値（exclusive）：
　　関数 QUARTILE.EXC（配列 , 戻り値の指定）に同じ
　　※戻り値の指定は、0：最小値、1：第1四分位数、
　　　2：中央値、3：第3四分位数、4：最大値

・ コラム 7 ・

外れ値の処理ってどうするの？

　分析対象が決まったら取得したデータ（変数）の記述統計を行い、年齢、在院日数など特に連続変数については外れ値の有無を確認し、最終的に分析対象データから外すべきかどうかを検討します。

どういう基準で判断すればよいのか？

　ケースによっては、外れ値の処理はとても悩ましい課題になることがあります。Excel で表示される箱ひげ図では、四分位範囲の 1.5、3 倍がプロットされます。外れ値として除外する条件として一般的に使われる方法がいくつかあります。例えば、

> ① 平均値から標準偏差の 3 倍以上離れた値を外れ値とする
> ② 中央値を用いた計算式を用いて外れ値を決定する
> 　（平均値は外れ値の影響を受けるため、中央値を使った方法もあります）

　外れ値は現実的にはあり得ない値（例えば、体温 100 度など）の場合は、明らかに入力ミスであるため除外しても問題ないと思いますが、実在する可能性のある値の場合、分析の目的によっては、除外しない場合もあります。

　一般的には①の方法でおおむね差支えないと思いますが、除外する際は、どういう理由で外れ値として除外するのか明確な

理由が必要です。基本的には、どのような母集団に対して推測をしたいのか、外れ値を含めるのと除外するのと、どちらがそれを代表するサンプルに近いのかといったことをよく考えて、判断する必要があるのではないかと思います。

4 集団を推測する

1）母集団と標本

1)-1 母集団と標本

　自院で外来患者さんの滞在時間を知りたいと考えたとき、調査対象集団をどのように設定したらよいでしょうか。

> ●通院している患者さん全てを対象とした調査をしますか？
> ●同じ患者さんでも受診する日によって滞在時間が異なりますのである１日だけの調査でよいでしょうか？

　明らかにしたい事象に対するデータを取る場合の対象者を、どのようにして決めるかはとても悩ましいと感じる人は多いと思います。もちろん、全ての対象（ここでは、外来患者さん）を調査すれば何の問題もありませんが、多くの場合、全ての対象に調査をすることが難しいです。そのような場合、一定の条件で選択した患者を分析対象として調査することになります。明らかにしたい事象の対象（ここでは外来患者さん）を「**母集団（population）**」と言い、実際の分析の対象を「**標本（sample）**」と言います。

　標本は、母集団から選択・抽出（サンプリング）されたものになります。分析対象者として抽出された患者数、つまり標本に含まれる個数を標本サイズ（標本の大きさ）と言います。標本は、母集団の特徴や傾向を推測するために抽出された集団です。つまり、抽出された集団の結果をもって「母集団は××だ！」と言っていくこと

になりますので、標本が母集団の縮図となっていることが求められます。統計領域では、「標本は、母集団を代表する集団」という表現をします。

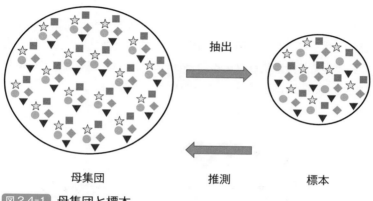

図 2.4-1 母集団と標本

全数調査と標本調査

　対象とする集団全てを調査するものを全数調査（悉皆調査）と言います。この調査方法は全てを調べる方法ですので、得られた結果は誤差なく正確です。しかし、対象集団の大きさにもよりますが、膨大な費用や手間がかかるという欠点があります。

　全数調査の代表的なものとして国勢調査があります。この調査は5年に1度、10月1日時点に日本に常住する人に対して行われます。余談ですが、国勢調査は1920年（大正9年）から開始され2020年（令和2年）で21回、100年になるそうです。全数調査は対象者が多いと実現が難しいですが、母集団が小さい場合は実施可能です。医療機関で行われているインシデント報告は自院の状況を示すものであれば全数調査と言えます。ただし、インシデント報告の全てが報告されていることが前提となります。

　これに対して、標本調査は、対象とする集団の一部を取り出して（抽出して）調査するものです。つまり、一部を調査して本来明ら

かにした集団（母集団）を推定することになります。標本調査は全数調査と比較して手間や費用を省くことができます。標本は、母集団の縮図となっていることが理想ですが、実際には完全で完璧な母集団の縮図となっている標本をとってくるのは、不可能に近いくらい難しいです。そのため、抽出された標本の**偏り**から**誤差（標本誤差）**が生じてきます（**図2.4-2**）。この偏り（誤差）が生じることが標本調査の欠点になります。そのため、標本調査では、この偏り（誤差）をできる限り減らすための様々な方策を取ります。

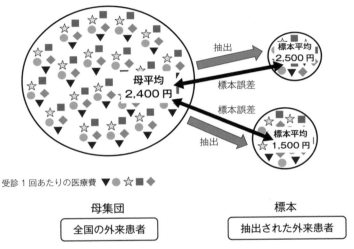

受診1回あたりの医療費 ▼●☆■◆

母集団

全国の外来患者

標本

抽出された外来患者

図2.4-2 **全国の外来患者の1回受診あたりの医療費を調べるために抽出した標本誤差の例**

❤無作為抽出❥

標本調査では、直前のパラグラフの通り、母集団の縮図となるように標本を抽出します。この抽出の際に重要なのが、**標本がランダムに抽出**されるということで、これを無作為抽出（単純無作為抽出）と言います。無作為抽出は、標本抽出による偏りを排除する最も基本的な方法です。しかし、実は、標本を偏りなく抽出するという作

業は意外と難しく、調査者が無作為に選んだとしても偏りが生じることがあります。抽出作業は、調査を行う上でとても重要であり、標本抽出がうまくいかなければ、結果の妥当性が失われ、調査自体が無意味なものになります。

　単純無作為法は、母集団に含まれる対象に全て異なる番号を付番し、どの番号も同じ確率で選ばれるように抽出する方法です。具体的な方法として、a) くじやさいころを使う、b) 乱数表を使う、c) コンピューターで乱数を発生させてそれを使う、といった方法があります。Microsoft Excel には、関数や分析ツールにある「乱数発生」を使って、乱数を発生させる方法がありますので、これを使うと、簡単に無作為抽出ができます。興味のある方は実際に乱数を発生させて無作為抽出をやってみましょう（**やってみよう6**：88 ページ参照）。

　学術研究における標本抽出では、乱数発生の方法も含めて標本の偏りについて様々な角度で検討しなくてはなりませんが、限られた母集団からの標本抽出であれば、この単純無作為抽出でもある程度偏りを抑えることは充分可能です。無作為抽出の方法は、他にもありますのでさらに学びを深めたい方は統計の専門書に進んでください。

やってみよう 6

Excel 関数で乱数を発生させる方法を使ってある集団の患者さんの無作為抽出をしてみましょう。

5000 人の患者さんの中から 1000 人の患者さんを無作為に抽出します

①下図のように、5000 人の患者さんの ID のレコードがあります。D 列に「乱数」を発生させるためのセルを準備します。

	A	B	C	D
1	患者ID	入院年月日	退院年月日	乱数
2	23085199	20160519	20160622	
3	17292099	20160524	20160814	
4	21317356	20161030	20161101	
5	21627243	20151125	20160130	
6	19651364	20160208	20160412	
7	20945355	20151103	20160330	
8	18758845	20161116	20161120	
9	21047171	20160104	20160112	
10	17140968	20160502	20160527	
11	18818837	20160926	20161008	
12	15406774	20160530	20160802	
13	22852482	20160412	20160902	
14	15406309	20160825	20160920	
15	15758851	20151007	20160509	
16	16662891	20160621	20160917	
4991	21014253	20151007	20160509	
4992	21038200	20161011	20161014	
4993	18803525	20160708	20160725	
4994	21242470	20161120	20161222	
4995	19802969	20160608	20160813	
4996	19086772	20160629	20161115	
4997	16184454	20160217	20160519	
4998	17904136	20160208	20160412	
4999	22148248	20160412	20160902	
5000	19669485	20160324	20160425	
5001	20696965	20160123	20160226	

②D2 のセルを選択し、「数式」→「関数の挿入」をクリック（**コラム5（3）**；37 ページ参照）します。

③「関数の挿入」の画面が表示されます。関数の検索のボックスに「RAND」を入力すると、関数名に表示された「RANDBETWEEN」を選択し、「OK」ボタンをクリックします。

　　RANDBETWEEN 関数：指定した範囲の数値をランダムに
発生させます。

④「関数の引数」の画面が表示されます。
　　　　最小値：1
　　　　最大値：100000（多ければいくつでもよい）
　と入力し、「OK」ボタンをクリックします。

●最大値設定のポイント

1001 行目と 1002 行目がたまたま同じ数値（乱数）だったら、
どうしたらいいですか？
―そんなことがめったに起こらないように、RANDBETWEEN
の最大値を大きく取っておきます。

⑤ D2 のセルに乱数が表示されます。フィルハンドルを使って、5001 行目まで値を出力します（**コラム4（2）**；34 ページ参照）。

⑥全てのセルに乱数が出力されたら、D 列を選択し、「コピー」をします。次に、再度 D 列を選択し、右クリック、「貼り付けのオプション」から「値」を選択し、貼り付けます。

これにより、数式が値に変わります。

⑦ A1〜D5001 を選択します。

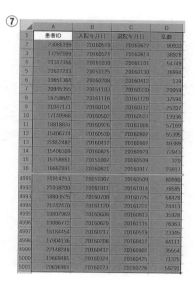

⑧「ホーム」→「並べ替えとフィルター」を選択します。

⑨「ユーザー設定の並べ替え」を選択します。

⑩「並べ替え」の画面が表示されます。

　　　最優先されるキー：（D列）乱数

　　　順序　　：小さい順（大きい順でもよい）

　を入力し、「OK」ボタンをクリックします。

⑪すると、乱数の小さい順にレコードが並び変わります。

　上から1000行（2〜1001行）を抽出すると、5000人の
患者レコードから1000人を無作為に抽出したことになりま
す。

考えてみよう 2

日本の 20〜30 歳代の男性の平均身長を知りたいと思い、バレーボールの実業団の試合が行われている日に東京の国立代々木第一体育館の入口の前を通りかかった 20〜30 歳代の男性 100 人の身長を測定したところ、平均 192.5 cm という結果が得られました。

この結果から、日本の 20〜30 歳代の男性の平均身長* は 192.5 cm である、と言えるでしょうか？

正解：言えません

さすがにこれは、誰でもおかしいと気づくと思います。この例での母集団は、「日本の 20〜30 歳代の男性」で、標本は身長を計測した 100 人になります。

日本の 20〜30 歳代の男性の平均身長を（仮に全数調査をしたとして）171.5 cm とすると、母平均が 171.5 cm、標本平均が 192.5 cm になります。この例は、極端な例ですが、標本を明らかに身長が高い人が集まりそうな場所から抽出していますので、そもそも無作為抽出ではないので標本として不適切です。

事象を明らかにしたい集団（母集団）の全数調査が難しいときは、無作為抽出により抽出した標本の平均値から母集団の平均値を推定していきます。標本平均により推定した平均値は、母集団の平均値と完全に一致することはほとんどありませんので、標本調査によって得られる結果の「信頼性」が重要になります。

*2019 年国民健康・栄養調査によると、20 歳代の男性の平均身長は 171.5 cm、30 歳代も 171.5 cm です。この調査の標本数は、20 歳代が 134 人、30 歳代が 178 人です。

1)-2 母平均と標本平均

　母集団の平均値を母平均と言い、標本の平均を標本平均と言います。同様に母集団の分散を母分散、標準偏差を母標準偏差と言い、標本の分散を標本分散、標準偏差を標本標準偏差と言います。

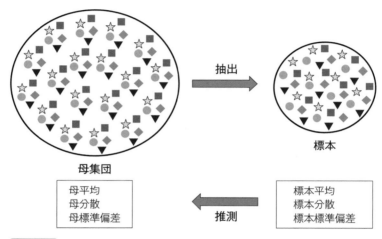

図 2.4-3　母集団と標本の関係

練習問題 2.4 - 1

調査実施に関する説明があります。この文章内の（A）〜（C）に入る適切な言葉や数値を解答してください。

　ある県で、県内の医療機関に所属するナースを対象に疲労感に関するアンケート調査を実施することにしました。

　この調査における対象となるナースは 23443 人でした。対象となるナースを（A）と呼びます。この中から、ナースを無作為に抽出し、5500 人に調査票を配布しました。無作為抽出されたナースを（B）と呼びます。5500 人に調査票を配布し、このうち 4995 人から調査票を回収することができました。したがって、アンケート調査の回収率は（C）になります。

2）点推定と区間推定

　標本は母集団から抽出したものと考えるとき、点推定は、標本平均を母集団の平均の推定値とすることです。これは、標本の平均値1点（1つの値）で母集団を推定するので、点推定と言います。母集団が1つであるのに対して、標本は、理論上複数存在するので標本から得られた平均が母集団の平均値と一致することはほとんどありません。これに対して区間推定は、ある程度の幅をもって母集団の平均値を推定するものです。つまり、標本平均の値をもって「母集団の平均は〇〇です！」と推定するのが点推定で、「母集団の平均は〇〇〜〇〇です！」と推定するのが区間推定です。

　では、母集団の区間推定について簡単に説明します。ここでは、区間推定はこういうもんだ！　くらいに理解していただければよいと思いますが、きちんと学習したい方は統計の専門書で確認してください。初学者向けの専門書でも十分に説明されています。

　皆さんがよく耳にするのが95％信頼区間だと思います。95％信頼区間は「95％の確率で母集団の平均値の信頼区間を求める推定式が成立する」（つまり、「母集団の平均値を含んでいる区間となっている確率が95％である」）という意味です。

　標本平均は正規分布するとの想定の下で、その推定式は次の式で求められます。

　　　　標本平均：$\overline{X}$

　　　　母平均　：μ

　　　　標本の数：n

　　　　母標準偏差：σ　とすると、

$$\overline{X} - 1.96 \times \frac{\sigma}{\sqrt{n}} \ \leqq \ \mu \ \leqq \ \overline{X} + 1.96 \times \frac{\sigma}{\sqrt{n}}$$　で示されます。

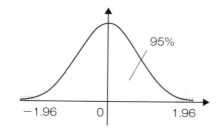

※−1.96 より左側と 1.96
より右側にそれぞれ 2.5%
ずつ分布しているので、両
端を合計すると 5%（中央
部分が 95%）となる。

図 2.4-4 標準正規分布

　ここで 1.96 というのは標準正規分布の上限・下限 2.5% の値で
す。母平均がわからないために推定をしているので、母標準偏差も
わからないことがほとんどですから、実際の計算では標本の**標準偏
差**（より正確には**不偏分散**から計算した標準偏差）を使います。不
偏分散を使用することにより、**標本分散**が母分散より少し小さめに
なる傾向を補正できます。

　具体例を挙げて信頼区間を計算してみましょう。
　ある地域の 60 歳代の女性 222 人の Body Mass Index（BMI）
を調べたところ、平均が 22.97、不偏分散から計算した標準偏差
が 2.91 となっていました。この結果から、この地域の 60 歳代の
女性の BMI の平均値の 95% 信頼区間を計算してみましょう。
　前述の式にこれらの値を代入すると、

$$22.97 - 1.96 \times \frac{2.91}{\sqrt{222}} \leq \mu \leq 22.97 + 1.96 \times \frac{2.91}{\sqrt{222}}$$

$$\Leftrightarrow \quad 22.59 \leq \mu \leq 23.35$$

という結果が得られます。この地域の 60 歳代の女性の BMI の平
均値の 95% 信頼区間は、22.59 から 23.35 となります。

　信頼区間は、「無作為に 60 歳代の女性 222 人の抽出を 100 回繰り返し（100 回調査し）、毎回（100 回分）の平均値と 95% 信頼区間を算出した場合、100 回のうち 95 回は母平均（この地域の 60 歳代の女性の BMI の平均値）がこの信頼区間に入っている」という意味となります。繰り返しになりますが、ある 1 つの標本平均から計算した 95% 信頼区間が、真の母平均を含む 95 回の 1 つなのか、それを含まない 5 回のうちの 1 つなのかはわかりませんが、その 95% 信頼区間が母平均を含んだものである確率は 95% であると見込まれます。

3）検定（統計学的検定）

3)-1　検定（統計学的検定）とは

　検定について辞書で調べると「一定の基準に基づいて検査し、合格・不合格、等級などを決めること（デジタル大辞泉）」や「人または物を検査し、これが一定の基準に合致しているかどうかを確定または認定する行為をさすが、法律に定められた公的なものと私的な基準によるものとがある。また、公的な検定においてもその効果は法律によって一様ではない。（日本大百科全書（ニッポニカ））」となっています。つまり検定とは、検査の対象となるものに対して何らかの検査を実施し、その結果がある基準に対して「合格か不合格か」や「上か下か」を判定する行為ということになります。統計学的検定では、統計を用いて、統計学的に有意差があるのかないのかを判定し、複数の集団間に差があるのか、あるいは関係性があるのか等を統計学的に判定します。

　統計学的検定では、複数の集団間に差があるのか、あるいは関係性があるのかを明らかにするために仮説というものを設定し、検定しています（そのため、統計学的検定は、仮説検定とも呼ばれます）。その際、「差がある」や「関係性がある」を直接証明するのは難しいため、複数の集団間に「差がない」あるいは「関係性がない」という状況を仮定し、その仮定が成立するかどうかを判断しています。

　例えば、男性と女性で在院日数に差があるかを判定する場合を考えてみましょう。ある月の入院患者において男性の平均在院日数が14.89日、女性の平均在院日数が15.71日だったとします。この差は0.82日です。この0.82日をもって男女の平均在院日数に差があると言えるのでしょうか？

　分析に用いた目の前にあるデータはあくまでも全体（母集団）の一部（標本）になります。私たちは、その目の前にあるデータを用

いて、裏にある全体を推定しようとしています。先程の平均在院日数が、男性14.89、女性15.71という値は、今回の集団においてたまたま用いたデータの結果にすぎません。もし、もう一度別の標本を取り出したら（別のタイミングのデータを用いたら）、おそらくまったく同じ値とはならないでしょう。標本が違えば、そこから導かれる値は常にわずかながら異なってきます。

　そこで、「差がない」という状況を真実の状況だと仮定した上で、今回の平均値の差である0.82がどの程度の確率で起こるかを求め、その確率が低い場合、「確率の低い状況がたまたま発生したと考えず、やはりもともとの"差がない"という仮定には無理があった」と判断します。「差がない」ということを否定することで、「差がないとは言えない」すなわち「差があるものとする」と結論づけることになります。

3)-2 帰無仮説と対立仮説

　前項では、統計学的検定とはまず「差がない」や「関係性がない」という仮定を設定し、その仮定が成立しないと証明することで「差がある」や「関係性がある」と結論づけるものだと説明しましたが、この「差がない」や「関係性がない」というのが「帰無仮説」と呼ばれるものになります。「帰無仮説」の意味としては、無に帰（き）する（役割を終えると消える）仮説ということであり、否定するための仮説ということになります。

　一方、「差がある」や「関係性がある」というのは、帰無仮説の逆の仮説であり、帰無仮説が成立すると成立しない（両立しない）仮説ですので、「対立仮説」と呼ばれます。つまり、証明したい本当の内容が「対立仮説」、とりあえず証明できる（否定したい）内容が「帰無仮説」ということになります（**図2.4-5**）。

　統計学的検定では「対立仮説」を念頭に置きながら、「帰無仮説」を設定し検定を行い、それを否定する（棄却する）ことで「対立仮説」を採択するという流れになります。今回の在院日数の例では、本当にイイタイコトである対立仮説は「男女間で在院日数に差がある」となり、帰無仮説は「男女間で在院日数に差がない」となります。

対立仮説

「本当にイイタイコト」
これを証明するのは
ムズカシイ！！

「本当にイイタイコト」の逆
これを否定しよう！！

帰無仮説

図 2.4-5　帰無仮説と対立仮説の関係

3)-3　帰無仮説に対する判断（棄却するかしないか）

　「帰無仮説」を棄却するかしないかは、具体的にはどのようにして判断するのでしょうか？　帰無仮説を棄却するかしないかに影響を与える要素としては、「有意確率（p 値）」と「有意水準」があります。また、帰無仮説に対する判断に伴って生じる誤りに、「第一種の過誤（誤り）」や「第二種の過誤（誤り）」があります。

有意確率と有意水準

　有意確率とは、帰無仮説が正しいと仮定したときに、標本で示されたような状況が起こりうる確率はどの程度かというものです。つ

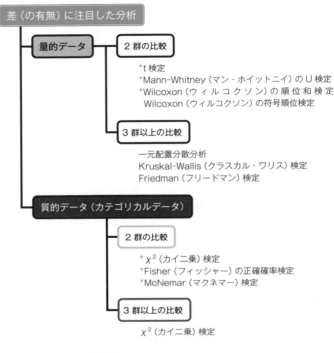

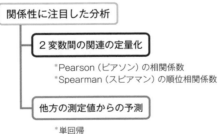

注) χ^2（カイ二乗）検定については、統計手法の性質上、差（の有無）に注目した分析、あるいは関係性に注目した分析のどちらとも言えます。*については、**2章5節2）**以降を参照してください。

図2.4-6 **主な統計手法の選択方法**

まり、例えば先ほどの在院日数の場合、男女間に差がないと仮定したときに 0.82 日の差が生じる可能性はどの程度かというものになります。

　検定とは、検査の結果がある基準に対して「合格か不合格か」を判定する行為だと説明しましたが、この検査結果が有意確率にあたります。そして、有意とするかどうかを判断するための基準が有意水準にあたります。

　有意水準については、0.05（5%）が最も一般的に使用される値ですが、0.01（1%）や 0.1（10%）が使われることもあります（後ほど詳しく説明しますが、0.01 の時は帰無仮説がより成立しやすい（つまり、差があることや関係性があると結論づけにくくなる）一方、0.1 の時は帰無仮説がより成立しにくくなります（つまり、差があることや関係性があると結論づけやすくなります））。

　なお、有意確率の計算方法については、分析に用いる標本（**第 2 章 4 節 1**）「母集団と標本」参照）の性質（質的データか量的データか）や集団全体（母集団）の分布等により、それぞれ適切な統計手法が異なります（**図 2.4-6**）。

　基本的には、適切な統計手法を用いて検定統計量というものを計算し、その計算された検定統計量から有意確率を算出することになります。統計手法の選択方法や有意確率の計算方法については、本書のレベルを一部超えた内容になります。基礎的なレベルについては後ほど触れますが、深く正しく理解したい場合は、別の詳しい統計関係の書籍を参考にしてください。

有意確率と帰無仮説の判断（表 2.4-1）

　有意水準より有意確率の値が小さい（有意確率が有意水準未満である）場合、帰無仮説を採択するには、この状況は非常に稀だと判断され、棄却されます（対立仮説が採択されます）。つまり先ほどの在院日数について男女間で差があるかどうか検定する際、有意水準を 0.05 と仮定していて、有意確率が 0.01 だった場合、もし差がないと仮定した時 0.82 日の差が生じる確率である 0.01（1%）は想定していた 0.05（5%）より小さいため、そもそも帰無仮説

に無理があったと判断されるわけです。

　一方、有意水準より有意確率の値が大きい（有意確率が有意水準以上）場合、帰無仮説の状況は、非常に稀な状況とは言えないと判断され、帰無仮説は棄却されません。つまり、関係性や差があるともないとも言えないという状況になります。したがって、同じ有意確率であっても、有意水準次第で棄却されるかされないか違ってくることになります。そのため有意水準は、有意確率を計算する（統計学的検定を実施する）前に設定しておく必要があります。有意確率の値を見ながら有意水準を設定してしまうと、検定をやる意味がなくなるためです。

表2.4-1　帰無仮説に対する判断（有意確率と有意水準）

有意確率と有意水準の関係	帰無仮説に対する判断
有意確率 < 有意水準	帰無仮説は棄却される（対立仮説が採択される） ↓ 「関係性がある」「差がある」
有意確率 ≧ 有意水準	帰無仮説は棄却されない ↓ 「関係性や差があるともないとも言えない」

第一種の過誤（αエラー）と第二種の過誤（βエラー）（表2.4-2）

表2.4-2　第一種の過誤と第二種の過誤

検定の結果 真の姿	帰無仮説を棄却する （対立仮説を採択する）	帰無仮説を棄却しない
帰無仮説が真 （差や関係性がない）	第一種の過誤 （αエラー）	OK
帰無仮説が偽 （差や関係性がある）	OK	第二種の過誤 （βエラー）

　第一種の過誤とは、帰無仮説が正しいにも関わらず誤って帰無仮説を棄却してしまう誤りのことです。別名、αエラー（アルファエラー）と呼ばれます。帰無仮説は、それが非常に稀な状況であると判断されることで棄却されます。その際に稀かどうかの判断は前述の有意水準が基準となります。そのため、有意水準を甘く（高い値で）設定すると多くの場合棄却されることになります。本当は差がないのにあわてて差があると判断してしまうため、αエラーのアルファに絡めて「あわてもの」のエラーと呼ばれることがあります。

　第二種の過誤とは、帰無仮説が正しくない（対立仮説が正しい）にも関わらず誤って帰無仮説を棄却しない誤りのことです。別名、βエラー（ベータエラー）と呼ばれます。ぼーっとしていて本当は差があるのに差がないと判断して（見逃して）しまうため、βエラーのベータに絡めて「ぼんやりもの」のエラーと呼ばれることがあります。特に $1-\beta$ を検出力（英語ではpower）と言います。

　どちらのエラーも帰無仮説の判断の際に生じるエラーです。

3)-4 統計学的検定の手順（図 2.4-7）

最後に統計学的検定の手順をまとめます。

①仮説の設定	・対立仮説の設定 ・帰無仮説の設定
②有意確率の算出	・適切な統計手法の選択 ・検定統計量の計算 ・検定統計量から有意確率の算出
③仮説の判断	・有意確率と（事前に設定した）有意水準の比較 ・帰無仮説を棄却するかどうかの判断

図 2.4-7　統計学的検定の手順

①仮説の設定

　統計学的検定ではまず仮説（帰無仮説、対立仮説）を設定します。おそらく皆さんが本来証明したいことは「差がある」や「関係性がある」といった内容だと思いますが、「差がある」や「関係性がある」の証明は難しいため、証明したいことを念頭に置きつつその逆の「差がない」や「関係性がない」という帰無仮説を設定します（同時に対立仮説も設定されます）。

②有意確率の算出

　母集団の分布や分析するデータの性質から適切な統計手法を選択し、検定統計量を計算、そしてそれを用いて有意確率（p値）を算出します。

③仮説の判断

　算出された有意確率と事前に設定していた有意水準とを比較することで、帰無仮説を棄却する（対立仮説を採択する）かどうかを判断します。

3)-5　統計学的な有意差と臨床的に意味のある差

　検定結果を解釈する上で、重要なことの1つに「統計学的に有意であることと、その有意差が臨床的に意味のある差であることとは別の話である」ということがあります。詳細な説明は割愛しますが、統計学的に有意になるかどうかに関しては、「複数の集団間の違いの大きさ」が影響することはもちろんですが、それ以外でも「有意水準の値をいくつに設定するか」や「検定で使用されたデータの数（サンプルサイズ、N数）がいくつか」等の要素も影響します。

　例えば、2群間での平均値を比較しようとした場合、群間の差がほとんどなかったとしても、大量のデータを用いて統計学的検定を実施すると、統計学的に有意になることがあります。つまり2群の平均値の差が同じ場合でも、各群のデータの数がそれぞれ5個の場合は有意になりませんが、それぞれ1000個の場合は、有意になることもあります。そのため統計学的に有意となった場合でも、臨床的にも意味のある差かどうか、見極める必要があります。

　前述の男性と女性の在院日数の差0.82日については、先程のように15日前後の在院日数の場合には臨床的にも意味がある差と言えます。しかし、平均在院日数がそれぞれ120.35日と121.17日だったらどうでしょう。たとえ統計学的に有意な結果であったとしても、おそらく0.82日は臨床的には意味のない差になります。

　したがって、たとえ統計学的な有意差があったとしても、それが臨床での看護ケアに影響がある、もしくは医学的に意味のある差であるかどうかはしっかりと見極め、解釈する必要があります。

・コラム8・

私は糖尿病患者さんに対する
教育のスーパーナース!!

若手看護師	う〜ん、今日も無事に糖尿病教育の教室が無事に終わったわ〜。皆さんちゃんと理解してくれて、血糖値のコントロールや日々の生活習慣の改善も見られてるわね。もう、我ながら自分の指導の才能に怖くなっちゃうわねぇ〜。イヒヒヒ。
ベテラン看護師	なに気持ち悪い笑い方しているのよ。患者さんとご家族が聞いてたら不謹慎よ。
若手看護師	いやぁ、自分の才能に気づいたらつい…。
ベテラン看護師	あら、どんな才能に気づいたの？
若手看護師	私が今年担当している糖尿病教室の患者さんが、皆さん血糖値の値も生活習慣も改善が継続されていて、私ってば、糖尿病教育のスーパーナースなんですっ!!!
ベテラン看護師	あら、それはすごいじゃない。って、まさか、1人の患者さんしか担当していないってことはないでしょうね。
若手看護師	そんな!!　さすがに私でも、対象者が1人でうまくいっただけだったら才能があるなんて思

いませんよ。ちゃんと、今日の参加者 10 人全員でうまくいってるんです !!!!

ベテラン看護師 　あら、糖尿病教室って 15 人で開催じゃなかった？　希望者が少なかったの？

若手看護師 　あぁ、1 回目は 15 人だったんですけど、回が進むにつれて参加者が 5 人ほど来なくなっちゃったんですよね。この私の教育が受けられるという機会をミスミス逃しちゃうなんて、ほんとにもったいないって思いません？

ベテラン看護師 　あなた、それじゃぁ全員が上手くいってるわけじゃないじゃない。

若手看護師 　え、だって、今日の参加者全員うまくいってるんですよ。

ベテラン看護師 　そうね、今日、参加された患者さんではいい結果が出てるみたいだけど、来なくなった 5 人の患者さんはどうだったの？
　改善がうまくいかなくて、教室に来たくなくなってるなんてことは無い？

若手看護師 　え〜、来てない人についてはわかんないですよ。来てないんですから。

ベテラン看護師 　あなたねぇ、それじゃ、選択バイアスが入ってしまうじゃない。

若手看護師	選択バイアス？　なんですそれ？　バイアスピリンと関係します？
ベテラン看護師	まっっっっっっっったく関係ないわ。 　選択バイアスと言うのは、分析や調査をするときに、データを集めるでしょ。その集め方が正しくなく、データに偏りが出てしまうことを言うのよ。
若手看護師	データに偏りですか？
ベテラン看護師	そうよ。今回であれば、いい結果が出ている人はあなたの教室に通い続けているけど、いい結果ではない人は、あなたの教室に通わずに、別の病院の教室に通い出してるとか、そもそも体調が悪くなって、教室に通うことさえできなくなっているかもしれないじゃない。
若手看護師	あ、そういう可能性もありますね。
ベテラン看護師	だから、何か分析したり調査したりするときのデータ収集は注意深く丁寧に、バイアスが入らないようにしないといけないのよ。
若手看護師	データ収集の方法も気をつけないといけないんですねぇ。なんか、調査とか分析って面倒ですねぇ。
ベテラン看護師	データ分析をするときの格言に、「garbage in, garbage out（ゴミからはゴミしか出な

い）」というものがあるの。これは、正しくな
いデータを使って分析しても出てくる結果は正
しくないということよ。

　代表的なバイアスについて、まとめておいた
ので、ちゃんと確認しておきなさいね（次ペー
ジの表参照）。

若手看護師　　　は〜い。

ゴミを資源化する
環境問題対策とは違う?!

表　バイアスの例

選択バイアス	抽出されたデータが全体を代表するものでない偏り
情報バイアス	結果の評価をする際に、事前に情報を得てしまったために生じる評価の偏り 例）新薬の効果を判定する際に、新薬を使用している患者だとわかると、使用していない患者と同様の症状でも効果があったと判定しやすくなる
思い出しバイアス	インタビューなどで聞き取りを行う際に、患者と健康な人では疾患に関係しそうな事柄について、患者の方が過去のことについてより鮮明に思い出すという偏り 例）胃がん患者はがんの原因となりそうな食べ物を飲食した経験について数多く思い出すことができる
質問者バイアス	インタビューなどで聞き取りをする際に、質問をする人によって情報の聞き出し方が異なり、それによって生じる偏り 例）コミュニケーション能力が高い看護師がインタビューすると、様々な生活習慣について情報収集が可能だが、コミュニケーション能力が低く質問紙に沿ってしか質問しない看護師の場合、質問紙で用意された項目以外の情報が収集できない
社会的望ましさのバイアス	回答をする際に、社会的に望ましい、よい行動の回答をする偏り 例）喫煙や飲酒の頻度を低く回答する、運動習慣の回数を多く回答する
出版バイアス	研究結果を発表する際に、否定的な研究結果は報告されにくく、発表された研究だけで評価すると肯定的な結果が多いという偏り

5 データの関係性をみる・比較する

1) 統計手法の選択に影響を与えるもの

　統計手法には様々な手法があります。そのため分析の目的や使用するデータに合致した検定方法を選択することが重要です。前節において、統計手法の選択の主なポイントについて軽く触れましたが、もう少し詳しく説明すると、①データの性質、②群の数、③対応の有無、④母集団の分布（正規分布と見なしてよいかどうか）が選択のポイントとなります。

統計手法の選択に影響を与えるもの

① データの性質

② 群の数

③ 対応の有無

④ 母集団の分布（正規分布と見なしてよいかどうか）

---

①データの性質

　データの性質とは、検定の際に量的変数（一般に数値や量で測ることができる変数）を扱うのか、それともカテゴリーを数字で表現した質的変数（カテゴリカル変数）を扱うのかということを指します。

　質的変数についてはカテゴリカル変数として扱うことが基本ですが、量的変数についてもカテゴリカル変数として扱った方がよい場合があります。例えばBMI（Body Mass Index）は連続変数（量的変数）ですが、そのまま連続値として使用するより、変数の持つ

意味に応じていくつかのカテゴリー（やせ、普通、肥満等）に分け、カテゴリカル変数（質的変数）として使用する方が有益な分析になります。つまり、量的変数をカテゴリカル変数（質的変数）に変換した方がよい場合があります。

②群の数

群間に差があるかどうかを比較する際、群の数によって、選択すべき検定方法は異なってきます。検定では、検定統計量を計算しますが、2群間では検定統計量を計算できても3群以上になると計算できない検定方法があります。

基本的には、2群かあるいは3群以上かで検定方法が分かれますので、群の数に応じた適切な検定方法を選択するようにしてください。後ほど詳しく述べますが、平均値の差は2群ならt検定ですが3群以上のときは分散分析を用います。

③対応の有無

対応の有無とは、「同一の個体から得られたデータ（同じ個体の同じ変数）か否か」ということです。

例えば、糖尿病の患者さんに対する患者教育の成果を分析する場合を考えてみましょう。患者教育の成果ですので、検定の目的は患者に対する教育実施の前後における血糖値の変化（血糖値が下がっているかどうか）を確認することになります。しかし、この患者教育前の値と教育後の値はどちらも同じ患者に関するデータ（値）ですので、同一の個体から得られたデータということになります。そのため検定の際には、対応のある場合の検定方法で検定することになります。対応のあることを承知した検定の方が、有意差が出やすく（検出力が高く）なります。

④母集団の分布（正規分布と見なしてよいかどうか）

仮説検定では、母集団の一部のデータ（標本）を用いて検定します。

その際、母集団の分布について、何らかの分布を仮定するか、それ
とも仮定しないかで検定方法が変わってきます。多くの場合、正規
分布に従っていると仮定するかどうかで、検定方法は異なります。
そうでない場合は、ノンパラメトリックな手法が用いられます。

2）よく使われる基本的な検定方法

　仮説検定では、使用するデータの性質が決まれば、検定方法はおおむね決定されます。前述の通り、データの性質には、量的変数と質的変数があるため、変数の主な組み合わせとしては、

　　①質的変数と質的変数

　　②量的変数と量的変数

　　③質的変数と量的変数

の3パターンとなります。そこで、本項ではそれぞれにおいてよく使われる基本的な検定方法を紹介します。

　具体的には、①質的変数と質的変数の組み合わせである「独立性の検定」、②量的変数と量的変数の組み合わせである「相関分析」「回帰分析」、③質的変数と量的変数の組み合わせである「母平均の差の検定」になります。

　これらについて、少しでもイメージしやすいように「病院内の入退院支援業務を見直すために、電子カルテ端末内データを用いて退院時の患者さんの状態について明らかにする」というテーマで紹介したいと思います。

2)-1　独立性の検定：質的変数と質的変数

　独立性の検定とは、質的変数と質的変数の組み合わせに対応した分析方法です。この検定を用いることで、質的変数同士の関連性の有無を検定することができます。関連の有無を検定する手法にも関わらず、独立性の検定と言われるのは、この統計手法が質的変数同士の独立性（互いに関連性がないかどうか）を検定する方法だからです。

　2つの変数において、それらが互いに関連している場合、両者は

独立ではない（両者の間に関連がある）ということになります。つまり、質的変数同士の関連性の有無を検定する手法とは、言い換えると独立性を検定する手法であると言えます。

　独立性の検定には、χ^2（カイ二乗）検定（χ はギリシャ文字でカイと読みます）、Fisher（フィッシャー）の正確確率検定、McNemar（マクネマー）検定等があります。通常最も多く使用される検定方法は χ^2 検定ですので、χ^2 検定を中心に説明します。

　それでは、退院時の患者さんの状態を明らかにするというテーマでこの検定を用いる場面を見ていきましょう。

事例1

　現行の入退院支援業務では、退院時に予想される患者さんの状態（入院時の患者さんの状態に対する回復度合いも含む）を考慮しながら、自宅への退院、介護施設への退院、医療施設への転院のいずれかに向け、退院支援を行っています。しかし、退院時点の状態がほぼ同じ患者さんでも、自宅に退院する患者さんもいれば、介護施設に退院する患者さんもいらっしゃいます。そこで、その違いが発生する原因について検討したところ、どこから入院したか（入院元）が退院先に影響している可能性が考えられました。もともと自宅から入院した患者さんは、自宅で受け入れる体制等ができているからかもしれません。そこで、入院元と退院先に関連があるのかということを明らかにしようと考えました。

① 分析方針の概要

（1）使用するデータの種類

　今回の検定で使用する変数は、入院元と退院先のデータです。これらのデータは、①自宅、②介護施設、③医療施設の3つの値を取る名義変数です。どちらのデータも3つの値のうちいずれか1つをとる質的変数となります。

（2）分析の目的

　今回の分析は、質的変数同士である入院元と退院先というデータに対して、これら2つの変数間の関連性（入院元によって退院先の発生頻度は異なるのか）を調べるというものです。

② 仮説検定の実施

　今回は2つの質的変数（入院元、退院先）の関連性の有無を調べる分析ですので、独立性の検定になります。

　仮説検定の実施は、前節で述べた通り、大まかには「①仮説の設定」→「②有意確率の算出」→「③仮説の判断」になります。

　①仮説の設定については、分析の目的と強く関係すること、また検定方法は仮説の設定の仕方と使用するデータから自ずと決まってくることから、このプロセスはしっかり自分で考える必要のある重要なプロセスになります。しかし、検定方法が決まった後は、その手法に基づいた計算式で機械的に②有意確率の算出を実施することになりますので、この部分は表計算ソフトや統計ソフトにお任せするのが賢明です。そして、③仮説の判断に関しては、分析目的によって設定すべき有意水準の値が変わってきます（一般的には 0.05（5%））。なお本書では、②有意確率の算出の部分についても軽く触れますが、興味の度合いに応じて読み飛ばしていただいて結構です。

　仮説をどう設定するのか、その仮説と使用するデータからどの検定方法を選択するのか、そしてその結果を統計学的にどう解釈するのかが重要ですので、そこを中心にご理解いただければ幸いです。

（1）対立仮説と帰無仮説の設定

　今回の分析では、入院元と退院先に関連があるということを明らかにしたいと考えているため、

> ### 対立仮説と帰無仮説（χ^2検定）
> 対立仮説：入院元と退院先には関連がある
> 帰無仮説：入院元と退院先には関連がない

になります。

（2）有意確率の算出

χ^2検定では一般的に以下の流れで有意確率は算出されます。

> ### χ^2検定における有意確率算出の流れ
> ①分割表（観測度数、期待度数）を作成する
> ②観測度数と期待度数の差からχ^2値を求める
> ③自由度を計算する
> ④χ^2値と自由度を用いて有意確率を算出する

独立性の検定では、通常分割表を作成します。分割表とは、2つの質的変数の関係を示したものです。今回の入院元と退院先の場合、組み合わせとしては、「自宅→自宅」、「自宅→介護施設」、「自宅→医療施設」、「介護施設→自宅」、「介護施設→介護施設」、「介護施設→医療施設」、「医療施設→自宅」、「医療施設→介護施設」、「医療施設→医療施設」の9パターンになります（**図2.5-1**）。

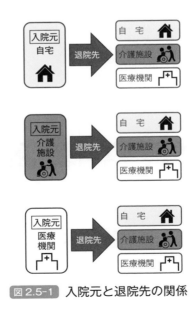

図2.5-1 入院元と退院先の関係

　実際の入院元と退院先の状況を分割表で示したものが**表 2.5-1** になります。

表2.5-1　入院元と退院先の状況（観測度数に関する分割表）

入院元 ＼ 退院先	自宅 🏠	介護施設 👥	医療機関 🏥	合計
自宅 🏠	202	9	39	250 (83.3%)
介護施設 👥	10	4	6	20 (6.7%)
医療機関 🏥	23	2	5	30 (10.0%)
合計	235 (78.3%)	15 (5.0%)	50 (16.7%)	300 (100.0%)

　独立性の検定では、「観測度数」と「期待度数」の差を用いて検定が実施されます。「観測度数」とは、2つの質的変数の関係として実際に観測された度数であり、「期待度数」とは、2つの質的変数の関係が独立な場合に観測されることが期待される度数のことです。

　今回の例の場合、入院元としても退院先としても「自宅」が最も多い状況です。そのため、もし入院元と退院先に関連がなければ、自宅、介護施設、医療施設のいずれから入院したとしても、最も多くの退院先は自宅になることが期待されます。さらに言うと、それぞれの入院元からの退院先（自宅、介護施設、医療施設）の分布は、患者さん全体の退院先の分布とほぼ等しくなる（今回の場合、患者さん全体の退院先の分布は、それぞれおおむね78.3%、5.0%、16.7%となっているため、入院元が自宅、介護施設、医療施設のいずれであっても、退院先はその分布に近くなる）ことが期待されるということです。

　それでは、期待度数に関する分割表も作成してみましょう。**表 2.5-2** をご覧ください。

表2.5-2 入院元と退院先の状況（期待度数に関する分割表）

退院先 / 入院元	自宅	介護施設	医療機関	合計
自宅	$300 \times \frac{250}{300} \times \frac{235}{300} = 195.8$	$300 \times \frac{250}{300} \times \frac{15}{300} = 12.5$	$300 \times \frac{250}{300} \times \frac{50}{300} = 41.7$	250
介護施設	$300 \times \frac{20}{300} \times \frac{235}{300} = 15.7$	$300 \times \frac{20}{300} \times \frac{15}{300} = 1$	$300 \times \frac{20}{300} \times \frac{50}{300} = 3.3$	20
医療機関	$300 \times \frac{30}{300} \times \frac{235}{300} = 23.5$	$300 \times \frac{30}{300} \times \frac{15}{300} = 1.5$	$300 \times \frac{30}{300} \times \frac{50}{300} = 5$	30
合計	235	15	50	300

　期待度数は、2つの変数間で関連がなく独立だったときに期待されるそれぞれのセルの度数ですので、「全度数×（ある行の度数の合計/全度数）×（ある列の度数の合計/全度数）」で計算されます。

　例えば、自宅から入院し自宅に退院したセルの期待度数は、全度数＝300、入院元が自宅である患者さん（ある行の度数）の合計＝250、退院先が自宅である患者さん（ある列の度数）の合計＝235を用いて計算できますので、300×（250/300）×（230/300）＝195.8となります。

　同様に、自宅入院で介護施設退院のセルの期待度数は300×（250/300）×（15/300）＝12.5、医療施設入院で医療施設退院のセルの期待度数は300×（30/300）×（50/300）＝5になります。

　χ^2検定では、観測度数の分割表（表2.5-1）と期待度数の分割表（表2.5-2）がどの程度違うのかを比較する検定方法です。前述の通り、観測度数の分布と期待度数の分布（独立な状況で期待される分布）において差がなければ2つの変数は独立している、つまり関連がないと見なせます。

　それでは次に、観測度数と期待度数の差からχ^2値を求めます。χ^2値はそれぞれのセルにおける観測度数と期待度数の差の二乗を期待度数で除した値の合計になります。数式を用いて表すと、

各セルにおいて計算される「（観測度数－期待度数）^{2}／期待度数」を全てのセルで合計したものということになります。具体的には、**表2.5-3**のようになります。

表2.5-3 χ^2値の算出

退院先 入院元	自宅	介護施設	医療機関
自宅	$\dfrac{(202-195.8)^2}{195.8}=0.19$	$\dfrac{(9-12.5)^2}{12.5}=0.98$	$\dfrac{(39-41.7)^2}{41.7}=0.17$
介護施設	$\dfrac{(10-15.7)^2}{15.7}=2.05$	$\dfrac{(4-1)^2}{1}=9$	$\dfrac{(6-3.3)^2}{3.3}=2.13$
その他	$\dfrac{(23-23.5)^2}{23.5}=0.01$	$\dfrac{(2-1.5)^2}{1.5}=0.17$	$\dfrac{(5-5)^2}{5}=0$

※χ^2値は太枠内の全ての数値の和を計算する
　0.19＋0.98＋0.17＋2.05＋9＋2.13＋0.01＋0.17＋0＝14.71

　次は自由度の算出です。自由度については、何となく理解しづらいという方が多いようですので、詳しい説明は省略し結論だけ紹介します。χ^2検定における自由度はm行とn列の分割表の場合、（m－1）×（n－1）で計算されます。つまり今回の場合は（3－1）×（3－1）＝2×2＝4が自由度になります。

　最後は、χ^2値と自由度を用いて有意確率を算出します。この計算は大変複雑なので、Excel等のソフトウェアを用いて計算することになります（Excelの場合、具体的には、CHISQ.DIST.RT関数を使用）。また、期待度数まで計算できている場合、ExcelのCHISQ.TEST関数を用いることで、自由度を算出しなくても有意確率を計算できます。

（3）仮説の判断

　仮説については、算出された有意確率と事前に設定した有意水準（0.05（5％）と設定）を比較して判断します。今回のデータから、有意確率は0.005（0.5％）と算出されましたので、「有

意確率＜有意水準」となりました。そのため帰無仮説は棄却され、対立仮説が採択されました。つまり、入院元と退院先には関連があるという結論です。

　ちなみに、統計ソフト等を用いずに、χ^2 検定を実施する方への追加の情報です。正確な有意確率を計算せずとも、χ^2 分布表を使うことで、有意水準との比較は可能です。

　この χ^2 分布表をご覧になったことがある方はあまりいないと思いますが、統計の書籍やインターネット上を探せば比較的簡単に見つけることができますし、Excel 等のソフトウェアを用いると自分で作成することも可能です（Excel の場合、具体的には、CHISQ.INV.RT 関数を使用）。

　どの分布表を使用しても内容は同じで、自由度といくつかの代表的な有意確率（1％、5％、10％等）が組み合わされたときの χ^2 値がわかります。つまり、今回のように自由度4で有意確率が5％になるときの χ^2 値は9.49と決まります（**表 2.5-4**）。したがって、今回の χ^2 値はそれよりも大きい値（14.71）ですので、有意水準5％で統計的に有意であると判断することができ、帰無仮説は棄却されることになります。

χ² 分布表を用いた仮説の判断

・今回の結果の χ² 値は 14.71 であり、χ² 分布表の自由度 4、有意水準 0.05 の値 9.49、また有意水準 0.01 の値 13.28 よりも大きい
・これは、帰無仮説が起こる可能性が 5％あるいは 1％より低いことを意味するため、帰無仮説は棄却される
・したがって、「入院元と退院先に関連がある」という結論になる

表 2.5-4 χ² 分布表（一部抜粋）

自由度 ＼ 有意水準α	0.99	0.9	0.1	0.05	0.01
1	0	0.02	2.71	3.84	6.64
2	0.02	0.21	4.61	5.99	9.21
3	0.12	0.58	6.25	7.82	11.35
4	0.3	1.06	7.78	9.49	13.28
5	0.55	1.61	9.24	11.07	15.09
6	0.87	2.2	10.65	12.59	16.81
7	1.24	2.83	12.02	14.07	18.48
8	1.65	3.49	13.36	15.51	20.09
9	2.09	4.17	14.68	16.92	21.67
10	2.56	4.87	15.99	18.31	23.21

　なお今回、「有意確率＜有意水準」となったため、帰無仮説は棄却され対立仮説が採択されました。しかし、もし有意確率≧有意水準の場合は、どのように解釈したらよいのでしょうか？　これは、前節の**表 2.4-1** にあるように、帰無仮説は棄却されませんので、入院元と退院先には関連があるとは言えないということになります。

③ 留意点等

　χ^2検定を実施する場合、注意しなければいけないことがあります。「期待度数が1未満のセルがある」あるいは「期待度数が5未満のセルが、全体のセルの20%以上ある」場合、そのままχ^2検定を実施してしまうと有意確率がうまく算出できません。

　そのため、イェーツの連続補正を行ってχ^2値を計算して有意確率を算出する（χ^2値を計算する際値が小さくなるように補正をすることで有意確率を大きくする）か、フィッシャーの正確確率検定を実施するかの対応を取る必要があります（具体的なやり方としては、お使いの統計ソフトにおいて、イェーツの連続補正にチェックをつける等の対応をすることになります）。詳細については述べませんが、イェーツの補正は2×2表（2行と2列の分割表）でのみ使用できる方法で、補正後のχ^2値の扱いについては通常のχ^2検定と特に変わりありません。フィッシャーの正確確率検定はフィッシャーの直接確率検定とも呼ばれ、名称の通り"直接"有意確率を計算する方法になります。χ^2検定ではχ^2値を算出し、有意確率を算出しましたが、フィッシャーの正確確率検定ではその過程を経ずに有意確率を直接計算することになります。なお、対応のあるデータで独立性の検定を実施する場合には、マクネマー検定を利用します。

・コラム 9・

統計解析をしたいけど、その
帰無仮説と対立仮説って正しい？

若手看護師　　　今日入院した佐藤さんの生活習慣についての記録終了！

　　　それにしても、お酒を飲んでる人って大体タバコも吸ってるのよねぇ。やっぱり、お酒とタバコは相性いいのかしら？

ベテラン看護師　　　あら、いい所に気づいたわね。じゃぁ、入院患者さんのデータを使って、飲酒と喫煙に関係があるか、統計的に調べてみたらいいんじゃない？

若手看護師　　　げっ!?　また統計ですか…。

　　　まぁ、ちゃんと、「**いまから始める 看護のためのデータ分析**」で勉強しましたからね！　わかっていますよ。2つの変数に関係があるかを調べるのは、質的変数同士なら χ^2 検定で、量的変数同士なら相関分析（**第2章5節2)-2**参照）ですよね。

ベテラン看護師　　　あら、本当に勉強してたわね。ちゃんと変数の違いで使う統計手法を正しく選べてるじゃない。

若手看護師　　　えへへ、まぁ、そんなこともありますけど…。

　　　今回は飲酒と喫煙の習慣に関する関係性なので、量的変数と言うよりは質的変数。なので χ^2 検定ですね。

| 若手看護師 | そして、帰無仮説はえ〜と（「**いまから始める 看護のためのデータ分析**」のページをめくって確認する）

帰無仮説は「H_0：２つの変数は独立である」として、対立仮説が否定形になってるのね。

だから、今回の場合は、帰無仮説が「H_0：飲酒と喫煙に関係がある」で、対立仮説が「H_1：飲酒と喫煙に関係がない」とすればよいってことになります！ |
| --- | --- |
| ベテラン看護師 | ちょっと、ちょっと。

帰無仮説と対立仮説の決め方は、帰無仮説が肯定形の文で、対立仮説が否定形の文なんて書いてないでしょ！ |
| 若手看護師 | え！　あ、確かに、帰無仮説は本当にイイタイコトの反対のことって書いてありますね。なんか、ややこしいですねぇ。

え〜と、今回のイイタイコトは、「飲酒と喫煙に関係がある」だから、帰無仮説は「H_0：飲酒と喫煙に関係がない」になるのか。あはは、逆でしたねぇ〜。 |
| ベテラン看護師 | 笑いごとじゃないでしょ…。せっかく、正しい統計手法を選べていても、帰無仮説を間違えて考えていたら、結果を読む時も全く逆の解釈になっちゃうじゃない。

ちょっと、心配だから、練習問題（**2.5-1**）を作ってみたので、あとで確認しなさいよ。 |

若手看護師　　　　　は～い。（結局、注意されたうえに宿題まで出されちゃった…。＾＾；）

「いまから始める
看護のためのデータ分析」
読んで勉強
するっきゃない！

● コラム 10 ●

有意差が無い時は、関係が無い！？

ベテラン看護師　　そういえば、この間の飲酒と喫煙の関係の調査はどうなったの？

若手看護師　　あぁ、それなんですけどね。残念ながら、関係が無かったんですよ。カルテに入力してるときは、関係ありそうだったんですけどねぇ。統計的に関係が無いって出てしまったので、しょうがないですねぇ。

ベテラン看護師　　え、「統計的に」関係が「無い」って出たってどういうこと？

　　まさか、まだ帰無仮説を理解してないわけじゃないでしょうね！

若手看護師　　そ、そんなことないですよ。ちゃんとイイタイコトの逆の「飲酒と喫煙に関係が無い」を帰無仮説にして、有意確率が 0.05 未満だったら、棄却して対立仮説の「飲酒と喫煙に関係がある」を支持するつもりだったんです。

ベテラン看護師　　あら、帰無仮説も有意確率の判定も、その後の対応も正しく理解してるじゃない。

　　それなのにどうして、統計的に関係無いと言い出すのよ。

若手看護師	有意確率を計算したら、p＝0.13 って出たんですよ。有意水準を 0.05 にしていたから、帰無仮説を棄却できなくて、しょうがなく帰無仮説を支持しました。
ベテラン看護師	ええええええええ !!!! 　あなたはどうして、途中まで正しく理解しているのに、最後の大事な部分で大間違いをしちゃうのよ。
若手看護師	え、私、また何か間違えましたか？
ベテラン看護師	有意確率が有意水準未満だった時の解釈は、帰無仮説を棄却して対立仮説を支持する。そして、有意確率が有意水準を上回った時は、帰無仮説を棄却できない。ここまでは完ぺきだったのに…。 　帰無仮説が棄却できなくても、積極的に帰無仮説を支持することはできないのよ。 　この場合は、「飲酒と喫煙に関係があるとは言えない」というように、対立仮説を支持できなかったように表現しないといけないの。
若手看護師	え〜、関係があると言えないってことは、関係無いことと一緒じゃないですか。
ベテラン看護師	何を言ってるのよ !!!　関係が無いというのは本当に関係が無いのよ。関係があると言えないというのは、「もしかしたら関係あるかもしれないけど、今回の結果からは関係があると積極

的に言えませんでした」という意味になるのよ。
検定手法の統計的な意味をしっかりと理解して
いればこんな間違いするはずないのに…。

関係があるような、
無いような、
無いような、
あるような…?

✎ 練習問題 **2.5 -** 1

　次のことを検定する際、帰無仮説はどのように設定するのか、答えましょう。

① 身長が高いほど体重が重いという関係があります。
② 入院時の平均年齢は男性と女性で異なります。
③ 若者と高齢者では入院時の持参薬の有無に違いがあります。

2)-2 相関分析：量的変数と量的変数

　相関分析とは、量的変数と量的変数を用いた分析です。この検定を用いることで、量的変数同士の相関（一方の値が大きくなると、もう一方の値が直線的に大きくなる、もしくは小さくなる関係性）の有無を検定することができます。

　この相関分析と後述の回帰分析については、同じ性質のデータの組み合わせ（どちらも量的変数の組み合わせ）を用いる分析であるため、混同されることが多いですが、両者は全く異なります。両者の違いについては、回帰分析のところで説明しますが、相関分析はあくまでも量的変数同士の相関（直線的な関係性の有無）について検定する統計手法です。

事例2

　現行の入退院支援業務では、退院時に予測される患者さんの日常生活動作（ADL）の状態を推測しながら退院先の候補を考えています。退院支援における退院先の決定において、退院時点でのADLがどの程度か（どこまで回復するか）は非常に重要な要素だからです。しかし、最近ADLが想定したよりも回復（改善）しないケースが多く見られるようになってきました。特に高齢者での発生頻度が増えているようです。そこで年齢と退院時のADLの回復具合に関連があるのかもしれないと考えました。

　この病院では退院時のADLとして、バーセルインデックス（Barthel Index：BI）を収集しています。BIは「食事」「車椅子からベッドへの移乗」「整容」「トイレ動作」「入浴」「平地歩行」「階段昇降」「更衣」「排便コントロール」「排尿コントロール」の10項目で構成され、全てが自立している状態は満点の100点となる評価表です（**表2.5-5**）。

表2.5-5　バーセルインデックス（Barthel Index：BI）

バーゼルインデックス（Barthel Index 機能的評価）

※得点が高いほど、機能的評価が高い。

		点数	質問内容	得点
1	食事	10	自立、自助具などの装着可、標準的時間内に食べ終える	
		5	部分介助（たとえば、おかずを切って細かくしてもらう）	
		0	全介助	
2	車椅子から ベッドへの 移動	15	自立、ブレーキ、フットレストの操作も含む（非行自立も含む）	
		10	軽度の部分介助または監視を要する	
		5	座ることは可能であるがほぼ全介助	
		0	全介助または不可能	
3	整容	5	自立（洗面、整髪、歯磨き、ひげ剃り）	
		0	部分介助または不可能	
4	トイレ 動作	10	自立（衣服の操作、後始末を含む、ポータブル便器などを使用している場合はその洗浄も含む）	
		5	部分介助、体を支える、衣服、後始末に介助を要する	
		0	全介助または不可能	
5	入浴	5	自立	
		0	部分介助または不可能	
6	歩行	15	45Ｍ以上の歩行、補装具（車椅子、歩行器は除く）の使用の有無は問わず	
		10	45Ｍ以上の介助歩行、歩行器の使用を含む	
		5	歩行不能の場合、車椅子にて45Ｍ以上の操作可能	
		0	上記以外	
7	階段 昇降	10	自立、手すりなどの使用の有無は問わない	
		5	介助または監視を要する	
		0	不能	
8	着替え	10	自立、靴、ファスナー、装具の着脱を含む	
		5	部分介助、標準的な時間内、半分以上は自分で行える	
		0	上記以外	
9	排便 コントロール	10	失禁なし、浣腸、坐薬の取り扱いも可能	
		5	ときに失禁あり、浣腸、坐薬の取り扱いに介助を要する者も含む	
		0	上記以外	
10	排尿 コントロール	10	失禁なし、収尿器の取り扱いも可能	
		5	ときに失禁あり、収尿器の取り扱いに介助を要する者も含む	
		0	上記以外	
			合計得点（　　／100点）	

出典　厚生労働省「日常生活機能評価 評価の手引き」を一部改変
https://www.mhlw.go.jp/file/06-Seisakujouhou- 12400000-Hokenkyoku/0000038913.
pdf

　そこで、年齢と退院時 ADL（BI）に関連（まずは直線的な関係である相関）があるのか明らかにしようと考えました。

1　分析方針の概要

（1）使用するデータの種類

　今回の検定で使用する変数は、年齢と退院時 BI です。年齢は 0 から 100 程度の値をとる量的な変数、退院時 BI も 0 から 100 の値をとる量的な変数となります。

（2）分析の目的

　今回の分析は、どちらも量的変数である年齢と退院時 BI というデータに対して、これら 2 つの変数間の相関の有無を調べます。

2　相関分析の実施

　今回は 2 つの量的変数（年齢、退院時 BI）の相関の有無を調べる分析です。相関分析も、先程の χ^2 検定と同様、仮説検定を実施しますので、「①仮説の設定」→「②有意確率の算出」→「③仮説の判断」になります。この分析でも、有意確率の算出は、表計算ソフトや統計ソフトにお任せした方がよいと思います。

　なお相関分析では仮説の検定にとどまらず、2 つの変数間の相関の強さ（相関係数）の算出も実施します。ただし、これらの計算式は少し複雑なため、本書では具体的な計算式については触れず、計算された値の解釈についてのみ説明します。

（1）対立仮説と帰無仮説の設定

> ### 対立仮説と帰無仮説（相関分析）
>
> 対立仮説：年齢と退院時 BI に相関がある
>
> 　　　　相関係数が０（ゼロ）ではない
>
> 帰無仮説：年齢と退院時 BI に相関がない
>
> 　　　　相関係数が０（ゼロ）である

　本分析では、年齢と退院時 BI に直線的な関係（相関）がある
ということを明らかにしたいと考えているため、

　　　対立仮説：「年齢と退院時 BI に相関がある」

　　　帰無仮説：「年齢と退院時 BI に相関がない」

になります。

　相関がないということは、年齢と退院時 BI の相関係数（相関
の強さ）は０（ゼロ）と同じ意味ですので、言い換えると

　　　対立仮説：「相関係数が０（ゼロ）ではない」

　　　帰無仮説：「相関係数が０（ゼロ）である」

と言えます。

（2）有意確率の算出

　相関分析では、通常散布図を作成します（**図 2.5-2**）。前述し
た通り、相関分析ではあくまでも直線的な関係（相関）があるか
どうかしか判断できず、二次関数のような曲線（非直線）的な関
係性については判断できません。また、外れ値があるような特殊
な分布の場合、検定の結果に大きな影響を与えます。

　そのため、相関分析に限ったことではありませんが、まずは全
体の状況を把握するということは統計において非常に重要なこと
です。散布図を作成して全体（２変数の関係は直線的な関係か、

外れ値はないか等）を把握し、その後表計算ソフトや統計ソフト
を使用して、2つの量的変数間の有意確率や相関の強さ（相関係
数）を求めます。

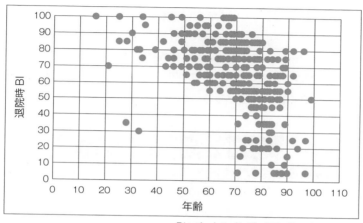

BI：バーセルインデックス（Barthel Index）

図2.5-2　年齢と退院時バーセルインデックスの散布図
（N＝300）

　相関分析で有意確率算出のために使用する検定統計量は t 値で
す。この t 値と自由度（サンプルサイズである N から2を減じ
たもの；今回の場合は 300－2＝298）を用いて有意確率を算出
します。この計算も複雑なので、Excel 等のソフトウェアを用
いて計算します。

（3）仮説の判断

　仮説の判断は、算出された有意確率と事前に設定した有意水準
（0.05（5%）と設定）を比較して決定します。今回のデータから、
有意確率は 0.001（0.1%）未満の値が算出されましたので、「有
意確率＜有意水準」となりました。そのため帰無仮説は棄却され、
対立仮説が採択されました。つまり、年齢と退院時 BI に相関が

あるということです。

　また、χ^2検定同様相関分析でも、正確な有意確率を計算しなくても、t分布表を使うことで、有意水準との比較は可能です。自由度といくつかの代表的な有意確率（1%、5%、10%等）が組み合わされたときのt値がわかります。

　参考までに今回の場合（自由度が298で検定統計量が9.7053）、t分布表から有意確率が5%になるときのt値は1.9680、1%になるときのt値は2.5924でした（**表2.5-6**）ので、統計的に有意であると判断できます。

---

t分布表を用いた仮説の判断

・今回の結果のt値は9.7054であり、t分布表の自由度298、有意水準0.05の値1.9680、また有意水準0.01の値2.5924よりも大きい

・これは、帰無仮説が起こる可能性が5%あるいは1%より低いことを意味するため、帰無仮説は棄却される

・したがって、「年齢と退院時BIに相関がある」という結論になる

表2.5-6 t分布表（一部抜粋）

自由度＼有意水準α	0.1	0.05	0.01
1	6.3138	12.7062	63.6567
2	2.9200	4.3027	9.9248
3	2.3534	3.1824	5.8409
4	2.1318	2.7764	4.6041
5	2.0150	2.5706	4.0321
10	1.8125	2.2281	3.1693
50	1.6759	2.0086	2.6778
100	1.6602	1.9840	2.6259
200	1.6525	1.9719	2.6006
298	1.6500	1.9680	2.5924
299	1.6500	1.9679	2.5924
300	1.6499	1.9679	2.5923

　なお今回、「有意確率＜有意水準」となったため、帰無仮説は棄却され対立仮説が採択されました。しかし、もし有意確率≧有意水準の場合は、どのように解釈したらよいのでしょうか？　これは、前節の**表2.4-1**にあるように、帰無仮説は棄却されませんので、相関があるとは言えないということになります。

（4）相関係数

　相関分析では、相関の有無とともに、その相関の強さを表すものとして、相関係数が算出されます。この相関係数の計算方法についてはいくつか種類があります。一般的には、母集団において特定の分布が想定できる（パラメトリックな）場合 Pearson（ピアソン）の積率相関係数を用い、想定できない（ノンパラメトリックな）場合 Spearman（スピアマン）の順位相関係数を用います。
　今回は、ピアソンの積率相関係数を算出したところ、−0.49

でした。この「−0.49」は、年齢と退院時 BI にはかなり負の相関があると判断されます。相関係数がマイナスということは、高齢になるほど退院時 BI が低くなるという関係性（負の相関）を意味していますし、0.49 という値はかなり相関があるということを意味するためです。相関係数の特徴を見てみましょう。

相関係数の特徴

① ２つの変数間の直線的な関係を数値化したものである
② −１から１までの値をとる
③ 値が正の場合には正の相関がある、値が負の場合には負の相関がある、値が０に近いときは相関が弱い（ない）と判断する
④ 値（絶対値）の大きさは、相関の強さを表している
⑤ 単位がない、算出において単位に依存しない
⑥ 外れ値の影響を受けやすい

　相関係数の特徴のうち「① ２つの変数間の直線的な関係を数値化したものである」というのは、相関係数がそもそも相関（一方の値が大きくなると他方の値も大きくなる、もしくは小さくなるという直線的な関係）についての分析に伴って計算される値ということに関係します。

　そのため、もし２つの変数間の関係が非線形の場合、相関係数の値は小さくなる可能性があります。例えば図 2.5-3 のような直線的な関係性はないが、二次関数的な関係（曲線）の関係性があるような場合、相関係数はほぼ０になります。しかし、２つの変数間に関係がないとは言えません。

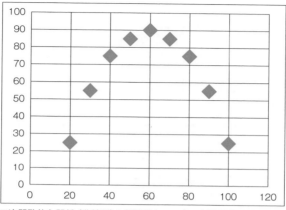

二次関数的な関係（非線形）の関係があっても、相関係数はほぼゼロ

図 2.5-3 直線関係にない場合の相関係数

　特徴の「②−1 から 1 までの値をとる」、「③値が正の場合には正の相関がある、値が負の場合には負の相関がある、値が 0 に近いときは相関が弱い（ない）と判断する」、「④値（絶対値）の大きさは、相関の強さを表している」というのは、まず相関係数は計算式の性質上、−1 から 1 までの値を取ることになるということ、値が 1 に近ければ正の相関があると判断し、−1 に近ければ負の相関があると判断するということです。そして 0 に近いときは相関が弱い、あるいはない（無相関）と判断します（**図2.5-4**）。

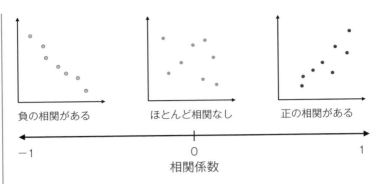

図2.5-4 正の相関、負の相関、無相関

　正の相関とは一方の値が大きくなると他方の値も大きくなる、負の相関とは一方の値が大きくなると他方の値は小さくなるという直線的な関係があります。またこの相関係数の値（絶対値）の大きさと相関の強さについては、使用するデータ等によって判断が異なることはあるものの、一般的には**表2.5-7**のように判断できます。

表2.5-7 相関係数と相関の強さ

相関係数	相関の強さ
0.0〜±0.2	（ほとんど）相関がない
±0.2〜±0.4	やや相関がある
±0.4〜±0.7	かなり相関がある
±0.7〜±1.0	強い相関がある

　特徴のうち「⑤単位がない、算出において単位に依存しない」というのは、相関係数にはm（メートル）やkg（キログラム）のような単位は存在せず、また係数の算出に用いる2つの変数の単位にも依存しないということです。したがって、2つの変数の単位が同じ必要はなく、異なる単位の変数間でも比較可能です。例えば（あまり適切な例ではないと思いますが）体重の変化（増

減）に食事量と運動量のどちらがより関係しているのかを調べる
ために、「体重変化と食事量」の相関係数と「体重変化と運動量」
の相関係数を比較することも可能です。

　特徴の最後の「⑥外れ値の影響を受けやすい」というのは、外
れ値（異常値）がある場合、相関係数は大きく変化することがあ
るということです。極端な場合、相関係数の正負が逆転する可能
性もあります。**図2.5-5** の場合、外れ値を含めて相関係数を計
算（上の図）すると正の値が算出されます。しかし、外れ値を除
いた拡大図（下の図）を見ると、負の相関があるように見えます
（実際、負の値が算出されます）。したがって、まずは散布図を作
成し、外れ値がないかどうか、また外れ値がある場合はその影響
を除外する方法（計算式から除外する等）を検討することが重要
です。

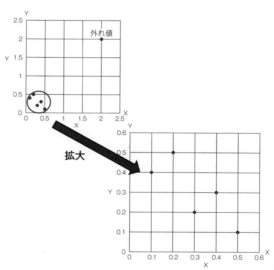

外れ値は相関係数に大きな影響を与える

図2.5-5 外れ値と相関係数

③ 留意点等

相関分析では以下の点に特に注意する必要があります。

相関分析における留意点

①直線的な関係性の有無のみがわかり、非直線的な関係の有無についてはわからない
②外れ値の影響を受けやすい
③相関分析では因果関係はわからない
④全体とサブグループで関係性が異なる場合がある

---

①直線的な関係性の有無のみがわかり、非直線的な関係の有無についてはわからない

　これは何度も述べている通り、相関分析ではあくまでも直線的な関係（相関）があるかどうかしか判断できず、二次関数のような曲線（非直線）的な関係性についてはまったく判断できません。

②外れ値の影響を受けやすい

　これも何度も述べている通り、外れ値があるような特殊な分布の場合、検定の結果に大きな影響を与えるということであり、場合によっては相関係数の正負が逆になることもあります。

③相関分析では因果関係はわからない

　相関分析は、単に 2 変数の直線的な関係の有無を測定するものであり、また相関係数はその強さを表したものです。したがって相関分析で有意であっても、因果関係（一方が原因でもう一方がその結果という関係）を示すものではありません。相関が高いからといって必ずしも片方の変数がもう一方の原因であるとは限

りません。2つの変数がよりばらつかず直線的な関係であればあるほど、統計的により有意になりやすく、また相関係数の値（絶対値）もより大きくなります。

④全体とサブグループで関係性が異なる場合がある

　これは、生態学的誤謬（エコロジカルファラシー）として有名な現象です。生態学的誤謬が起こるのは、相関分析に限ったことではありませんが、相関分析は何をやっているのかが直感的にわかりやすいこともあり頻繁に使われるため、特に気をつける必要があります。

　例えば、40歳の健康診断で糖尿病のリスクがあることを指摘され病院を受診した人を思い浮かべてください。このような集団における糖尿病に対する生活習慣改善効果（生活習慣の早期改善の効果）をみるために、生活習慣が改善してからの経過年数と糖尿病の発生（罹患）状況を相関分析（本来は別の分析方法が適切ですが……）で明らかにしようとする場合を考えてみましょう。

　まず、生活習慣が改善してからの年数が同じ人達（集団）における糖尿病の発生率を計算します。そして、各年数の集団のデータを1つのデータとして相関分析を実施してみると、結果は**図2.5-6**のようになる可能性があります。これを見ると、定期的に運動する期間が長ければ長いほど、生活習慣病になりやすいように見えます。

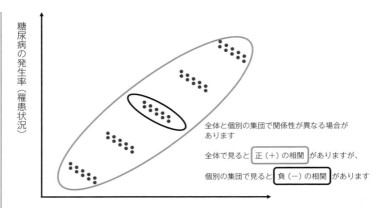

図 2.5-6 糖尿病と生活習慣改善の関係性

　しかし、すでに長期間生活習慣を改善できているという人は比較的年齢が高い可能性がある一方、短期間しか生活習慣を改善できていないという人は比較的年齢が低い可能性があります。つまり、右上の集団は 70 歳以上の高齢者、左下は 40 代の前期中年者である可能性があるということです。高齢であるほどそもそも糖尿病を罹患する確率は高くなりますので、正の相関になるのは当然かもしれません。

　一方、同じ年齢グループの中で相関分析を実施すると、負の相関がありますので、やはり早く生活習慣を改善しできるだけそれを続けることは、糖尿病の予防効果があるということになるかもしれません（もちろん、相関が判断できるだけで、因果関係はわかりませんので、この結果だけでは因果関係は証明できません）。

　いずれにしろ、相関分析は分析内容が比較的わかりやすい統計方法であるため頻繁に使われる統計手法ですが、実は注意して使う必要がある統計手法と言えます。

相関関係の強さは p 値を見ればいい！？

　２つの量的変数の関連を見る際、相関分析を行います。もちろんこの場合も、帰無仮説、対立仮説を立てて、有意水準を決めて、有意確率 p 値を計算して検定します。

　さて、この場合の帰無仮説と対立仮説はどうなるでしょうか。

　この検定でイイタイコトは「２つの変数に相関がある（相関係数が０ではない）」ということなので、帰無仮説と対立仮説は、以下のようになります。

　帰無仮説：「２つの変数間に相関がない（相関係数＝０）」
　対立仮説：「２つの変数間に相関がある（相関係数≠０）」

　この帰無仮説を棄却するかどうかを決定するのは、p 値が有意水準未満であるかどうかです。
　p 値が有意水準未満の場合は、帰無仮説を棄却することになり相関があるということに、p 値が有意水準以上の場合は、帰無仮説は棄却されませんので相関があるとは言えないということになります。
　つまり、あくまでも p 値は、検定における有意水準との比較の際に使う値です。

　一方、相関係数は２つの変数の相関関係の強さを表します。相関係数は－１から１の値を取ります。１に近いほど正の相

関があり、－1 に近いほど負の相関があります。そして、0 に近い値では無相関（相関が弱い）と判断します。

　つまり、相関係数の絶対値が大きい値ほど、より強い相関であると判断します（**表 2.5-7** 参照）。

　したがって、p 値が小さく有意水準未満であれば、2 つの変数に何らかの相関関係があり、その際相関係数が 0 に近い値であれば弱い相関関係、1 や－1 に近い値であった場合には強い相関が見られるということになります。

つまり相関の強さは
p 値ではわからない
ということです。

練習問題 2.5-2

相関係数に関する次の記述について、正しいものを選んでください。

① 正の値しかとりません。

② 外れ値の影響を受けやすいです。

③ ２つの変数間に何かしらの関係があると数値が大きくなります。

④ 散布図における横軸（X 軸）と縦軸（Y 軸）の変数を入れ替えても値は変わりません。

⑤ 使用する変数の単位の影響を受けないため、身長について cm の値と m の値のどちらを使っても同じ値になります。

2)-3　回帰分析：量的変数と量的変数

　回帰分析とは、相関分析同様、量的変数と量的変数を用いた分析（後述の通り、正確に言うと、質的変数を用いた分析も可能）です。この統計手法を用いることで、ある量的変数の値を別の量的変数で説明したり、予測したりすることができます。説明や予測の対象となる変数のことを目的変数（従属変数）、目的変数を説明・予測する変数を説明変数（独立変数）と呼びます。回帰分析では、1つまたは複数の説明変数が目的変数に影響を与えると仮定した上で、その影響の程度を数式的に表現する方法です。つまり、回帰分析は、目的変数と説明変数との関係をモデル化する手法と言えます。

　なお、説明変数が1つの場合の回帰分析を単回帰分析、複数の場合を重回帰分析と呼びます。また、回帰分析は目的変数と説明変数との関係をモデル化する手法全般に対する分析手法ですので、目的変数や説明変数が量的変数ではない場合も回帰分析の1つになります。本書では回帰分析の最も基本的な分析手法である目的変数も説明変数も量的変数、かつ説明変数が1つである単回帰分析について説明します。

単回帰分析

　単回帰分析では、1つの説明変数を用いて目的変数を説明・予測できるよう、2つの変数の値の関係を直線で表すような回帰式を考えます。中学生の時に習った $Y = a + bX$ のような式のことです（**図 2.5-7**）。この直線の傾き b は回帰係数（非標準化回帰係数）と呼ばれ、説明変数の値が1単位増加したときの目的変数の変化量（どの程度値が変化するかという影響度）を意味します。

　例えば、目的変数が血圧で説明変数が年齢という単回帰分析を実施した場合、そのままの年齢を説明変数に用いた場合は年齢が1歳変化したときの血圧の変化量となります。一方 40 歳代（40〜

49歳）、50歳代（50〜59歳）といったように10歳刻みの年齢区分を説明変数に用いた場合は年齢区分が1（年齢が10歳）変化したときの血圧の変化量となります。

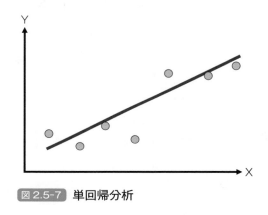

図2.5-7　単回帰分析

【主な特徴】
・Y＝a＋bX
・説明変数が1つだけ
・aは切片（定数項）
・bはXが1単位変化したときのYの変化量
　≪例　年齢について≫
　　①そのままの年齢を用いた場合は、年齢が1歳変化したときの変化量
　　②10歳刻みの年齢区分を作成し用いた場合は年齢区分が1（年齢が10歳）変化したときの変化量

　このとき、全ての点が1つの直線上に存在すれば、2つの変数の関係を最もうまく表現できる回帰式（回帰直線）は簡単に作成できます。しかしほとんどの場合、点はばらばらに散らばっていますので、全ての点を通るような直線は描けません。そのため、最も直線がうまく描ける（近似できる）何かしらの方法を考える必要があ

ります。

　統計の世界では、その 1 つのやり方として最小二乗法というものがあります。このような方法を用いて、回帰直線と実際の値の誤差が最小になるように回帰式を設定します（**図 2.5-8**）。

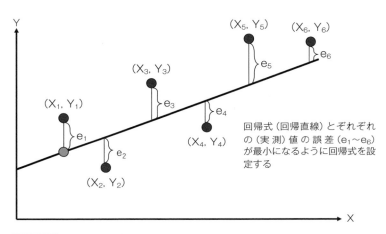

回帰式（回帰直線）とそれぞれの（実測）値の誤差（e_1〜e_6）が最小になるように回帰式を設定する

図 2.5-8 回帰式と各実測値の設定

　また、回帰分析では、推定された回帰式の当てはまりのよさ（程度）を示す決定係数が計算されます。決定係数は一般に R^2 で示され、0 から 1 までの値をとります。1 に近ければ近いほど、回帰式が実際のデータによく当てはまっている（説明変数による目的変数の説明力が高い）ことを表し、逆に 0 に近ければ近いほど、回帰式は実際のデータに当てはまっていない（説明変数による目的変数の説明力が低い）ことを意味します。決定係数が 1 というのは、回帰直線上に全てのデータが存在することであり、回帰式によって完全に（100%）説明・予測できていることを意味します。決定係数（R^2）は、文字通り相関係数（R）の二乗となっています。

　この決定係数でよく議論になるのが、どの程度の値があればよいのか、あるいはどの程度の値が必要かという目安に関することです。結論から言うと、絶対的な基準は残念ながらありません。0.5 を超

える（50%を超える説明力がある）とよいとされることが多いようですが、皆さんが扱うような医療・看護系のデータや質問紙によるデータで 0.5 を超えるというのはかなり稀です。それは、目的変数に影響を与えると考えられる全ての変数を説明変数として用いることが難しいためです。

　したがって、決定係数は絶対的な指標というより相対的な指標として用いることが現実的だと考えられます。つまり、2 つのモデル（回帰式）があったときにどちらがよりデータを説明しているのか、どちらのモデルの説明力の方が高いかという比較に使うということです。決定係数は高い方が、より回帰式の当てはまりはよいわけですが、「決定係数が高ければなんでもよい」というわけではありません。今回のサンプルがたまたま説明力が高くなるようなデータだっただけかもしれません。また、決定係数が上がるからといって仮説にないような変数を加えてモデル化することは本末転倒です。回帰分析は、ある変数について、この変数を使えば説明・予測できるのではという仮説があり、その仮説に基づいてモデルを作成（仮説を検証）するものだからです。

決定係数の特徴・留意点

①一般に R^2 で表される
②0 から 1 までの値をとり、1 に近ければ近いほど、回帰式が実際のデータによく当てはまっていることを表し、逆に0 に近ければ近いほど、回帰式は実際のデータに当てはまっていないことを意味する
③どの程度の値があればよいのかといった絶対的な目安はないため、絶対的な指標というより相対的な指標として用いる（モデルの比較に用いる）ことが現実的である
④高ければよいというわけではない

　先ほどの相関分析で、年齢と退院時の ADL（退院時 BI）には相関関係（一方の値が大きくなると、もう一方の値が直線的に大きくなる、もしくは小さくなる関係性）があること、そしてそれはかなりの負の相関であることがわかりました。そこで、年齢から退院時 BI が説明・予測できるモデル（回帰式）を考えることにしました。

① 分析方針の概要

（1）使用するデータの種類

　今回の検定で使用する変数は、年齢と退院時 BI です。年齢は 0 から 100 程度の値をとる量的な変数、退院時 BI も 0 から 100 の値をとる量的な変数となります。

（2）分析の目的

　今回の分析の目的は、年齢から退院時 BI を説明・予測できるような数式を作る（モデル化する）というものです。

② 単回帰分析の実施

　今回は 2 つの量的変数において、年齢から退院時 BI を説明・予測できるような数式を作る（モデル化する）分析ですので、単回帰分析になります。

　単回帰分析も、他の統計手法と同様、仮説検定を実施しますので、「①仮説の設定」→「②有意確率の算出」→「③仮説の判断」になります。この分析でも、有意確率の算出の作業は、表計算ソフトや統計ソフトにお任せした方がよいと思います。

　なお回帰分析では、目的変数を説明変数で説明・予測するモデルの作成が目的ですので、仮説の検定にとどまらず、説明変数の

値が１単位増加したときの目的変数の変化量（回帰係数）と決定
係数も算出します。

（1）対立仮説と帰無仮説の設定

対立仮説と帰無仮説（回帰分析）

対立仮説：年齢は退院時 BI に影響している
　　　　　回帰係数が０（ゼロ）ではない
帰無仮説：年齢は退院時 BI に影響していない
　　　　　回帰係数が０（ゼロ）である

　本分析では、退院時 BI に対する年齢の影響度を明らかにした
いと考えているため、
　　　対立仮説：「年齢は退院時 BI に影響している」
　　　帰無仮説：「年齢は退院時 BI に影響していない」
になります。

　影響していないということは、年齢が１歳増加しても、退院時
BI については変化がないということになります。つまりこの変
化がないということは、説明変数の値が１単位増加したとき目的
変数の変化量は０（ゼロ）であるということと同じ意味になりま
すので、言い換えると、
　　　対立仮説：「回帰係数が０（ゼロ）ではない」
　　　帰無仮説：「回帰係数が０（ゼロ）である」
と言えます。

（2）有意確率の算出

　回帰分析の流れは、基本的に相関分析の流れと同様です。相関
分析の項（**事例２**；135 ページ）をご覧ください（相関分析で

は相関係数を算出しますが、回帰分析では回帰係数や決定係数を
算出します）。

（3）仮説の判断

　仮説の判断は、算出された有意確率と事前に設定した有意水準
（有意水準は今回事前に 0.05（5％）と設定）を比較して決定し
ます。今回のデータから、有意確率は 0.001（0.1％）未満の値
が算出されましたので、「有意確率＜有意水準」となりました。
そのため帰無仮説は棄却され、対立仮説が採択されました。つま
り、回帰係数は 0（ゼロ）ではない、年齢は退院時 BI に影響し
ていると言えます。

　また、回帰分析でも、正確な有意確率を計算しなくても、t 分
布表を使うことで、有意水準との比較は可能です。自由度とい
くつかの代表的な有意確率（1％、5％、10％等）が組み合わさ
れたときの t 値がわかります。参考までに今回の場合（自由度が
298 で検定統計量が 9.7054）、t 分布表から有意確率が 5％に
なるときの t 値は 1.9680、1％になるときの t 値は 2.5924 で
した（**表 2.5-8**）ので、統計学的に有意であると判断できます。

t分布表を用いた仮説の判断

・今回の結果の t 値は 9.7054 であり、t 分布表の自由度 298、有意水準 0.05 の値 1.9680、また有意水準 0.01 の値 2.5924 よりも大きい

・これは、帰無仮説が起こる可能性が 5% あるいは 1% より低いことを意味するため、帰無仮説は棄却される

・したがって、「年齢は退院時 BI に影響している」という結論になる

表 2.5-8 t分布表（一部抜粋）

自由度 ＼ 有意水準α	0.1	0.05	0.01
1	6.3138	12.7062	63.6567
2	2.9200	4.3027	9.9248
3	2.3534	3.1824	5.8409
4	2.1318	2.7764	4.6041
5	2.0150	2.5706	4.0321
10	1.8125	2.2281	3.1693
50	1.6759	2.0086	2.6778
100	1.6602	1.9840	2.6259
200	1.6525	1.9719	2.6006
298	1.6500	1.9680	2.5924
299	1.6500	1.9679	2.5924
300	1.6499	1.9679	2.5923

　では、もし有意確率≧有意水準の場合は、どのように解釈したらよいのでしょうか？　これは、前節の**表 2.4-1** にあるように、帰無仮説は棄却されませんので、その説明変数が目的変数に影響を与えているとは言えないということになります。

（4）回帰係数と決定係数

単回帰分析を実施したところ、y＝117.09－0.76 χ となりました。回帰係数（非標準化係数）が－0.76 ということは、年齢が 1 歳増えると退院時 BI 値が 0.76 低くなるということです。

決定係数は、R²＝0.24 となりました。決定係数の解釈は難しいですが、説明力が約 24％ということですので、それほど高い値ではないようです（**図 2.5-9**）。

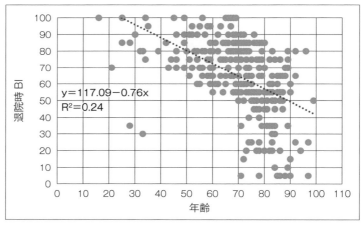

BI：バーセルインデックス（Barthel Index）
※**図 2.5-2**（139 ページ）も参照

図 2.5-9 年齢と退院時バーセルインデックスの散布図
（N=300）

3　留意点等

回帰分析における留意点は相関分析の留意点とほぼ同じです。相関分析の留意点（**事例 2 の❸留意点等**；146 ページ）を参考にしてください。

④ 相関分析と回帰分析の違い

　相関分析は、2つの変数間の相関関係を分析するための手法です。相関分析では、2つの変数がどの程度強く相関しているかを示すため相関係数を計算します。この相関係数は、－1から1までの範囲をとりますが、散布図における横軸（X軸）と縦軸（Y軸）の変数を入れ替えても値は変わりません。また、相関係数は、2つの変数がどの程度同じような動きをするのか（同時に変化する傾向）を表している数値であり、因果関係（一方の変数が原因でもう一方の変数が結果であるという関係）の有無を示しているわけではありません。

　一方、回帰分析は、1つ以上の説明変数が目的変数に与える影響を分析するための手法です。回帰分析では、説明変数と目的変数の間に線形の関係（直線的な関係）があると仮定し、その関係式（回帰式）を求めます。

　回帰式は、説明変数と目的変数の関係を数式化（モデル化）したものです。回帰式の回帰係数からは、説明変数が1単位変化したときの目的変数の変化量を予測することができます。つまり、回帰分析では、2つの変数のうち、どちらが説明変数で、どちらが目的変数かというのは非常に重要なわけです。なお、この回帰分析でも基本的に因果関係を示すことはできません。

　回帰分析のほとんどは、ある時点のデータを用いて、ある変数を別の変数で説明・予測するモデルを作成しているだけです。本当にその変数が原因となっている（説明変数を1単位増加させることで、目的変数が回帰係数の分だけ変化する）のかについては別の分析をする必要があります。

練習問題 2.5-[3]

　ある病院で有給休暇の取得日数（x 日）と看護師の職務満足度（y 点）について調べたところ、次のような回帰直線が得られました。

$$y = 68.3 + 1.25x$$

① 有給休暇の取得日数が 10 日の看護師の職務満足度の予測値はいくつになるでしょうか。
② 有給休暇の取得日数が 1 日増えると、看護師の職務満足度はどの程度増えるでしょうか。

2)-4 母平均の差の検定：質的変数と量的変数

　母平均の差の検定とは、量的変数と質的変数を用いた分析です。個体がどの群に属するかは、1つの質的変数と考えることができるからです。この検定を用いることで、量的変数である母集団の平均値が群間で異なっているのかを検定できます。平均値は代表的な要約統計量であるため、その値を検定する母平均の差の検定は最も有名な統計手法の1つと言えます。

　母平均の差の検定には、t検定、Mann-Whitney（マン・ホイットニイ）のU検定、Wilcoxon（ウィルコクソン）の順位和検定、Wilcoxon（ウィルコクソン）の符号順位検定等があります（Mann-Whitney のU検定と Wilcoxon の順位和検定は内容的に同じ）。

　通常最も多く使用される検定方法はt検定ですので、t検定を中心に説明します。

　現行の入退院支援業務では、患者の入院日と平均在院日数から
おおよその退院日を予想し退院支援を行っています（もちろん、
平均在院日数に関しては疾患や実施される医療行為を考慮してい
ます）。

　しかし、想定していた日に退院できなくなることがしばしば発
生しています。これは在院日数が想定していたよりも長かったり
短かったりするためですが、その原因の 1 つに、性別の違いが考
えられました（もちろん他の要因が大きいことは明らかですが、
説明を単純にするための仮定です）。そこで、性別によって在院
日数に差があるのか明らかにしようと考えました。

① 分析方針の概要

（1）使用するデータの種類

　今回の検定で使用する変数は、在院日数と性別データです。在
院日数は連続値（厳密にいうと、在院日数は離散値ですが、ほぼ
連続値としてみなすことができる）をとる量的変数であり、性別
は男性と女性の 2 種類の質的変数となります。

（2）分析の目的

　今回の分析は、在院日数の平均値が男女によって差があるのか
を調べます。

② 仮説検定の実施

　今回は量的変数（在院日数）の平均値が、質的変数（男女とい
う 2 群）において、差があるのかどうかを調べる分析ですので、
母平均の差の検定になります。

　仮説検定の実施は、これまでと同様「①仮説の設定」→「②有

意確率の算出」→「③仮説の判断」になります。

（1）対立仮説と帰無仮説の設定

対立仮説と帰無仮説（t検定）

対立仮説：在院日数の平均値は男女で差がある
帰無仮説：在院日数の平均値は男女で差がない

　本分析では、在院日数の平均値が男女によって違うということ
を明らかにしたいと考えているため、

　　　　対立仮説：「在院日数の平均値は男女で差がある」
　　　　帰無仮説：「在院日数の平均値は男女で差がない」
になります。

（2）有意確率の算出
　t検定では一般的に以下の流れで有意確率は算出されます。

t検定における有意確率算出の流れ

①それぞれの群の平均値と標準偏差を算出する
②算出した平均値と標準偏差からt値を求める
③自由度を計算する
④t値と自由度を用いて有意確率を算出する

　t検定では、それぞれの群の平均値と標準偏差を算出します（**表
2.5-9**）。

表2.5-9 在院日数の平均値と標準偏差（男性、女性、全体）

	人数	平均在院日数	標準偏差
男性	170	11.1	1.7
女性	130	11.3	1.8
全体	300	11.2	1.7

　そして、算出されたこれらの値を用いてt値を計算したところ、t値は2.762でした。t検定における自由度は2群の度数（それぞれm、nとする）の合計から2を減じたもの、つまり「m＋n－2」で計算できますので、今回の場合は170＋130－2＝300－2＝298になります。続いてt値と自由度を用いて有意確率を算出します。

（3）仮説の判断

　仮説は、算出された有意確率と事前に設定した有意水準（0.05（5%）と設定）とを比較して判断します。今回のデータから、有意確率は0.006（0.6%）と算出されましたので、「有意確率＜有意水準」となりました。そのため帰無仮説は棄却され、対立仮説が採択されました。つまり、在院日数の平均値は男女で差があるという結論です。

　ちなみに、t検定でも他の検定と同様に正確な有意確率を計算しなくても、t分布表を使うことで、有意水準との比較は可能です。自由度といくつかの代表的な有意確率（1%、5%、10%等）が組み合わされたときのt値がわかります。今回の自由度298で有意確率が5%になるときのt値は1.968でした（**表2.5-10**）。したがって、今回のt値はそれよりも大きい値（2.762）ですので、有意水準5%で統計的に有意であると判断することができ、帰無仮説は棄却されます。

t分布表を用いた仮説の判断

- 今回の結果のt値は 2.762 であり、t分布表の自由度 298、有意水準 0.05 の値 1.968、また有意水準 0.01 の値 2.592 よりも大きい
- これは、帰無仮説が起こる可能性が 5%あるいは 1%より低いことを意味するため、帰無仮説は棄却される
- したがって、「在院日数の平均値は男女で差がある」という結論になる

表2.5-10 t分布表（一部抜粋）

自由度＼有意水準α	0.1	0.05	0.01
1	6.3138	12.7062	63.6567
2	2.9200	4.3027	9.9248
3	2.3534	3.1824	5.8409
4	2.1318	2.7764	4.6041
5	2.0150	2.5706	4.0321
10	1.8125	2.2281	3.1693
50	1.6759	2.0086	2.6778
100	1.6602	1.9840	2.6259
200	1.6525	1.9719	2.6006
298	1.6500	1.9680	2.5924
299	1.6500	1.9679	2.5924
300	1.6499	1.9679	2.5923

3 留意点等

　今回、在院日数の差の検定を実施する際、t検定を実施しました。しかし、「t検定は、2つの群の分布が共に正規分布（**図2.5-10**）のときに使用できる（パラメトリックな）検定方法である」と説

明されていることが多いと思います。

　正規分布とは横軸に「ある事象が取りうる値」、縦軸に「ある事象がその値になる確率密度」をとってグラフを描いたときに、データが平均値の付近に集積するような分布を表します。

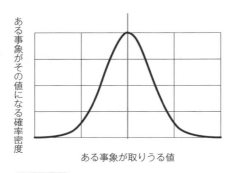

図 2.5-10　**正規分布**

【主な特徴】
・−∞〜∞の実数値をとる（∞：無限大）
・山（峰）が1つである
・平均値付近の確率密度（横軸をある事象が取りうる値、縦軸をある事象がその値になる確率密度でグラフを書いた時の縦軸の大きさ）が最も大きい
・平均値、中央値、最頻値が一致する
・平均値を中心に左右対称の釣鐘型の分布になる

　t検定は、より正確には、それぞれの標本の分布ではなく、それぞれの標本平均の差の分布が正規分布のときに使用できる検定方法です。2群の分布が共に正規分布でなくても、N数が増える（一般的に各群でサンプル数が30以上ある）と、標本平均の差の分布は正規分布に従うと仮定できる（これを、中心極限定理と呼びます）ため、t検定を実施しても問題にはなりません。つまり今回の場合は、t検定を使うことが可能です。

　しかし、もしＮ数が少ない等で正規分布が仮定できない時は、ノンパラメトリックな検定が必要となり、Wilcoxon（ウィルコクソン）の順位和検定やMann-Whitney（マン・ホイットニイ）のＵ検定を行います（この２つの検定は実質的には同じ検定です）。これらの検定では群を無視して値を小さい順に並べて順位データに変換（**表 2.5-11**）して検定を実施します。そのため外れ値がある場合の対応方法としても有効です。

表2.5-11　観測されたデータを順位データに変換

	在院日数のデータ				
男性	15	23	28	21	75
女性	16	30	19	26	35

①群（男女）を無視して値を小さい順に並べる

順位	データ	群
1	15	男性
2	16	女性
3	19	女性
4	21	男性
5	23	男性
6	26	女性
7	28	男性
8	30	女性
9	35	女性
10	75	男性

②順位データに変換

	在院日数のデータ				
男性	1	4	5	7	10
女性	2	3	6	8	9

　介入の前後比較のように、同一個体に対して時間や条件を変えて同一変数のデータを取ることがしばしばあります。このようなデータは「対応のある」データと呼ばれます。また、対応のあるデータによる母平均の検定は、正規分布が仮定できる場合は対応のあるt検定、正規分布が仮定できない場合はWilcoxon（ウィルコクソン）の符号順位検定を使います。

　さらに、t検定は２群間での比較（平均の差の検定）で用いることができる検定方法です。３群以上は分散分析という別の統計手法を用いる必要があります。

練習問題 2.5 - 4

　次のデータを分析する際に使用する統計手法を以下の選択肢から選んでください。

① 喫煙の有無と飲酒の有無に関連があるか調べます。

② 血糖値と HbA1c 値に関連があるか調べます。

③ 肥満・肥満症の方に対して、生活指導を実施した群（介入群）と実施しなかった群（非介入群）で、BMI が 25 以下に達成するまでの期間（時間）に違いがあるか調べます。

④ 胃がんの手術患者において術後感染症の発症有無によって在院日数に違いがあるか調べます。

⑤ 看護師になってからの勤務年数から 1 年間に提出するインシデントレポート数を推測するモデルを作成します。

＜選択肢＞

A. 相関分析　B. 回帰分析（単回帰分析）　C. χ^2 検定（独立性の検定）　D. t 検定（平均値の差の検定）　E. その他

参考文献

1．日本統計学会編．統計検定3級対応 データの分析．2-12，東京図書，2012．

2．涌井良幸，涌井貞美．統計学の図鑑．18-22，技術評論社，2015．

3．日本統計学会編．統計検定3級対応 データの分析．2-12，32-66，東京図書，2012．

4．日本統計学会編．統計検定4級対応 データの活用．97-118，東京図書，2012．

5．涌井良幸，涌井貞美．統計学の図鑑．18-22，38-39，技術評論社，2015．

6．片平洌彦編．やさしい統計学．58-74，86-94，桐書房，2017．

7．日本統計学会編．統計検定3級対応 データの分析．164-167，175-182，東京図書，2012．

8．涌井良幸，涌井貞美．統計学の図鑑．50-51，70-75，技術評論社，2015．

9．片平洌彦編．やさしい統計学，50-57，66-94，桐書房，2017．

第3章

電子カルテシステム内にあるデータの利用にあたって

1 はじめに

　多くの病院が、電子カルテシステムを用いて業務を行っています。厚生労働省が実施している医療施設調査においても、2020年（令和2年）時点、一般病院の約6割弱、一般診療所の約半数に電子カルテシステムが導入されていることが報告されています（**図3.1-1**）[1]。さらに、一般病院について規模別に見ると、200～399床においては3/4の病院が、400床以上においては9割以上の病院が電子カルテシステムを利用している状況です。そして、この電子カルテシステムからは多くのデータや情報にアクセスが可能です。

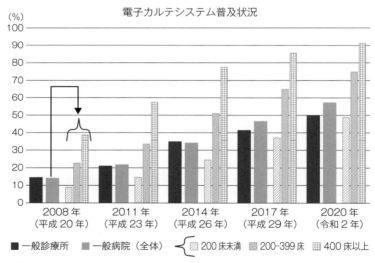

出典：厚生労働省「電子カルテシステム等の普及状況の推移」より

図3.1-1 電子カルテシステム普及状況

　ところで、皆さんは電子カルテシステムの中には、どのようなデータがあって、それぞれどのような特徴があるかご存知ですか？　また、電子カルテシステム内にあるデータを分析・活用する上で、どのような点に注意するべきかご存知ですか？　本章では、これらについて理解していただくために、電子カルテシステム内にある質改善やマネジメントのために活用できるデータについて概観したいと思います。また、電子カルテシステム内にあるデータを効果的・効率的、かつ安全に分析・活用するためには、データ作成・保管においても注意が必要ですので、データを作成する、保管する、使う（分析する）段階で知っておくべきことや考えておくべきことについてもご紹介します。

電子カルテは普通のパソコンでもいいの？
（電子カルテの三原則）

　電子カルテの導入は非常に高額です。その費用を抑えるために普通のパソコンで看護記録などの診療記録を書いて、そのファイルを保存すればよいのではと考えるかもしれません。

　しかし、紙で書いていた診療記録（カルテ）を単純に電子的に記載し保存すれば電子カルテになるというわけではありません。

　電子カルテについては、厚生労働省による「医療情報システムの安全管理に関するガイドライン 第6.0 版[2]」（2023 年（令和 5 年）10 月時点）のなかで、「e- 文書法対応に求められる技術的対策（見読性、真正性、保存性）」として、守っておくべき 3 つの原則（電子カルテの三原則）が示されています。

　電子カルテの三原則とは、見読性、真正性、保存性です。

　見読性とは、いつでも必要な際には、システム上あるいは印刷などにより読むことができる状態であることです。

　電子的に保存されている記録は、そのままでは読むことができませんので、電子カルテのシステムで表示したり印刷したりすることで、いつでも正しく読める状態にする必要があります。そのため、電子カルテにはカルテ開示などの利用も含め、印刷をする機能が実装されています。

　真正性とは、電子カルテ内のデータに虚偽入力、書き換え、消去、混同の防止等がされていることです。そのため、電子カルテでは、記録の記載者が明示される仕組みが必要となります。

　また、電子的な記録では、書き換えや消去が簡単に行える上に、一目ではどこを変更したのかがわからなくなります。

　紙のカルテでも修正する際は、間違ったところを二重線などで削除（いわゆる見え消し）をして、訂正印を押すなどの対応が求められています。同様に電子カルテでは、修正や消去をした個所について、そのまま削除するのではなく、元々の記録が後からでも確認できる形で削除しつつ、修正した日時や修正者の氏名等が記録される仕組みが実装されています。

　このように、記載者や修正者を明示するためには、電子カルテには本人しかログインできない仕組みも必要となります。

　皆さんが普段、電子カルテにログインする際に、パスワードや生体認証、IC カードなどが必要となる理由でもあります。また、パスワードや IC カードの管理は正しく行わなければなりません。

　保存性とは、記録されたデータが法律等で求められている期間保存され、障害等で消失しても復元できるようにしておくことです。

　電子カルテに記録されたデータは、データベースとしてサー

バー内に保存されています。また、大規模災害やサイバー攻撃などでサーバー内のデータが消失した際に復元できるように、バックアップのデータを取得する仕組みが電子カルテでは実装されています。

　特に、昨今のサイバー攻撃に対応するために、バックアップの頻度を増やしたり、保存しておくデータを複数世代にしたりするなどの対応を行うことが望ましいとされています。

　また、バックアップデータについては、ネットワークなどから切り離された状態（オフライン）で保存することも必要になります。

バックアップは
万全に！

2 電子カルテシステム内にあるデータ

　電子カルテとは、従来紙で作成していた「カルテ」を電子化したものですが、「カルテ」という言葉は多義的なものであり、使う人によって「カルテ」が示す内容に幅があります。

　「カルテ」は、狭義には、医師法24条において医師に作成が義務づけられている「診療録」のことを指しますが、広義には、医師以外の医療関係者が作成する記録等、具体的には医療法21条1項や医療法施行規則20条10号等において作成が義務づけられている「診療に関する諸記録」（過去2年間の病院日誌、各科診療日誌、処方せん、手術記録、看護記録、検査所見記録、エックス線写真、入院患者及び外来患者の数を明らかにする帳簿並びに入院診療計画書）についても含まれます。一般的に「カルテ」と言って皆さんがイメージするものは、おそらく「診療録」ならびに「診療に関する諸記録」だと思います。そして「電子カルテ」とは、これらを電子化したものをイメージするでしょう。

　しかし、電子カルテを操作する端末からは、電子カルテ以外の医療情報システムも利用可能だったり、電子カルテ以外の情報にもアクセスできたりすることが多いと思います。そのため、電子カルテシステム内にあるデータと言うと、さらにそれらのデータも含めてイメージされるのではないでしょうか。例えば、インシデントレポートシステム（インシデント・アクシデントに関するデータ）や看護師の勤務表作成システム（看護師の勤務に関するデータ）等です。

　そこで、本章で「電子カルテシステム内にあるデータ」と呼ぶときには、「電子カルテ」に関するデータだけではなく、電子カルテを操作する端末からアクセスできるデータ全般（最も広い場合は、

病院医療情報システムデータ全部になるかもしれません）という前提で説明をします。

3

質改善やマネジメントのために活用できる
電子カルテシステム内にあるデータ

　電子カルテシステムの中には多種多様なデータがあり、それぞれ様々な性質や特徴があります。例えば、そのデータは誰がいつ作成しているのか、どのような目的で利用されているのか、数値データなのか文字（文章）データなのか等です。

　これらはデータを使って実際に分析したり分析結果を解釈したりする際に、様々な影響を与えますので、データの性質や特徴について理解しておくことは重要です。そこで、皆さんが質改善やマネジメントのために活用する際に利用可能な電子カルテシステム内にあるデータについて、その特徴をいろいろな観点から整理するとともに、代表的ないくつかのデータについて紹介します。

1）電子カルテシステム内にあるデータの特性

　電子カルテシステム内にあるデータの最もコアとなるデータは電子カルテ（診療記録）に関するデータになります。これは医師をはじめとした医療者が主に適切な診療やケアを実施するために、診療やケア、検査等を実施したタイミングで作成し、日々の医療サービスを提供する際に利用しています。記録を作成した本人が利用する場合もあれば、チーム医療を実施する上で他の医療職が（コミュニケーションツールとして）利用する場合もあります。

　一方、日本では主に医療保険により診療を実施しているため、実施した医療サービスについて保険者に診療報酬を請求するためのデータ（診療報酬請求データ）も作成しています。これは、医療者が実施した医療行為に基づいて、医事部門が基本的に月に1度診療

報酬請求明細書（レセプト）として作成し、診療報酬請求のために使用しています。

　この２つのデータを比較してみると、データを作成している人も、データの利用目的も、データを作成するタイミングも全く異なります。データの中身についても、診療記録には検査値のデータも含まれていますが、診療報酬請求データには検査値は原則含まれません。

　つまり、電子カルテシステム内にあるデータの性質や特徴を把握するためには、様々な視点があるわけです。ここでは、その一例をご紹介します。**表 3.3-1** を御覧ください。大きく、①データの作成者、所有者、使用者（作成・管理・利用している場所や部門等）、②データの利用目的、③データ作成（収集）・利用のタイミング（周期）、④データの中身等があります。

①データの作成者、所有者、使用者（作成・管理・利用している場所や部門等）

　これは、そのデータを誰あるいはどの部署が作成したり所有していたりしているのか、また使用しているのかということです。よく言われる5W1Hという視点から考えると、Who（誰が）やWhere（どこで）という視点になります。先程の例の診療記録であれば、それぞれの医療職が作成し、皆で利用しているというデータということになり、医事データであれば医事部門が作成し、医事部門が利用しているデータということになります。

　そのため、そのデータの中身等について最も詳しいのは、おそらく作成したり管理したりしている人や部門ですので、電子カルテシステム内にあるデータを利用して分析を実施しようとする際の問い合わせ先の最初の候補はこれらの部門になるかもしれません。

②データの利用目的

　これは、そのデータがそもそもどのような利用目的で作成されるようになったのかということです。5W1Hでいうと、Why（なぜ）

| 表3.3-1 | 電子カルテシステム内にあるデータの特性 |

❶	**データの作成者、所有者、使用者（作成・管理・利用している場所や部門等）**
❷	**データの利用目的** ● 一次利用／二次利用
❸	**データ作成（収集）・利用のタイミング（周期）**
❹	**データの中身** ● 定義・概念やフォーマット（様式） ● データの変数のタイプ・型 　▶ 定量（数値データ）／定性（文章、音声、画像データ等） ● 個別データ／集計データ

や How（どのように）に近い視点かもしれません。

　データの利用目的には、一次利用と二次利用があります。一次利用とは、ある目的があり、その目的を達成するために作成され使用することです。一方、二次利用とは、そのデータを取得した本来の目的以外の目的で使用することです。電子カルテシステム内にあるデータの場合、患者の診療や看護ケア等によって得られた情報を本人の治療（医療サービスの提供）のために使用する際は取得した本来の目的のために使用していますので一次利用ですが、もし今後同じような患者に対するよりよい看護ケア実施のための分析に利用するのであれば二次利用ということになります。

　本書で扱う電子カルテシステム内にあるデータの分析は、ほとんどの場合二次利用にあたります。前述の通り、二次利用は本来の目的以外の目的のために利用しますので、利用に際して気をつけることを念頭に分析することが必要となります。

③データ作成（収集）・利用のタイミング（周期）

　これは、そのデータがいつ作成されるのか、あるいはいつ利用されるのかということです。5W1H でいうと、When（いつ）の視点です。先程の診療記録であれば、それぞれの医療職は診療やケア、

検査等を実施したタイミングで記録を行います（データが作成されます）。また、その内容はその患者への主に次の診療やケア実施の際に利用されます。

　一方、診療報酬請求データは、月に一度の診療報酬請求のタイミングに作成（厳密に言うと日々作成していて月に一度その内容が確定）され、そのタイミングで保険者への診療報酬請求のために利用されます。

　データ分析において、使用するデータがどのタイミングで作成されるのかを知っておくことは、非常に重要です。使いたいときに最新のデータがないなどのことが起こりうるからです。

④データの中身

　そのデータにどのような情報が入っているのか、あるいはその情報はどのようなルールや形式で入っているのかなどのことです。5W1H でいうと、What（なに）の視点です。

　先程の診療記録であれば、患者の疾患、医師や看護の記録、検査・処方・注射の内容、検査値等の検査結果などがデータの中身になります。そしてこれらは様々なルールや定義に基づいて作成されています。例えば、胃がんという疾患名であればその病態等が、また診療や看護ケアの行為や薬剤名等であれば、その言葉が意味するものは定義されています。そして、それぞれのデータは、定量的な数値データであったり、定性的な文字や画像データであったりします。

　また、診療記録のほとんどは患者個々の情報ですので個別データであることが多いのですが、入院患者や外来患者の数について集計されたもの（帳簿等）は集計データとなります。

　一方、診療報酬請求データも、それぞれの変数の定義（例えば、全ての診療行為については9桁のレセプト電算処理システム用コードが振られている）やファイルの形式が決まっています。

　そのため、データ分析を実際に実施する際には、利用しようとしているデータについて、どのような情報がどのようなルールで、ど

ういう変数のタイプや型で入っているのか等を、明確に理解する必要があります。おそらくこういうルールに基づいてこういうデータが入っているのだろうといった、あいまいな理解や憶測でデータを分析すると、現実とはまったく異なる誤った結果が導かれる可能性があります。

2) 代表的な電子カルテシステム内にあるデータ

　質改善やマネジメントのために活用できる代表的な電子カルテシステム内にあるデータ（**表3.3-2**）には、大きく4つのデータがあります。そしてそれらは基本的にそれぞれ1つの場所に集約され、データの集合体（箱のようなもの）として保管・管理されています（ちなみに、そのように集約され格納されたものをデータベースと呼びます）。

　新しいデータが作成されたり、データが更新されたりすると、データベースを管理するシステムによって、データベースの中身が変更されます。

表 3.3-2　**質改善やマネジメントのために活用できる代表的な電子カルテシステム内にあるデータ（データベース）**

❶	**臨床データ** ● 電子カルテ（診療記録）データ、部門サーバのデータ →病名、検査結果、診療・看護ケア内容（診察、処方、注射、リハビリ、手術、処置等）
❷	**診療報酬請求関連データ** ● 診療報酬請求等に用いられる診療報酬請求データ
❸	**管理業務データ** ● インシデントレポート ● 看護師の勤務データ
❹	**データウェアハウス（Data Ware House：DWH）** ● 複数のデータを統合したデータの倉庫

①臨床データ

　臨床データとは、現場で診療やケアを実施する際に利用しているデータです。電子カルテにある診療記録のデータやそれぞれの部門システムの中にあるデータになります。患者さんの病名に関する情報や検査結果、あるいは診察、処方、注射、リハビリ、手術、処置と言った診療や看護ケアなどの内容に関するデータです。

図 3.3-1　臨床データ

②診療報酬請求関連データ

　診療報酬請求関連データは、主に診療報酬請求の際に利用するデータです。具体的には、診療報酬請求データや DPC データ（DPC／PDPS による支払いを受けている病院やデータ提出加算を算定している病院で作成しているデータ）です。

領収書の例

外　来　領　収　書

令和　　年　　月　　日

東京都千代田区■■■■■■■■■■

医療法人 ■■会■■■■■■■■病院

患者番号	氏　名 様

診療科	入・外	領収書No.	発行日 令和　年　月　日	費用区分	負担割合	本・家	区分

保険	初・再診料 点	入院料等 点	医学管理等 点	在宅医療 点	検査 点	画像診断 点	投薬 点
	注射 点	リハビリテーション 点	精神科専門療法 点	処置 点	手術 点	麻酔 点	放射線治療 点
	病理診断 点	食事療養 点	生活療養 点	療養担当手当 点			

保険外負担	評価療養 (内訳)	その他 (内訳)

	保険	保険 (食事・生活)	保険外負担
合計	点	点	
負担額	円	円	円

※「負担金額」合計の10円未満を四捨五入

領収金額	円

図 3.3-2 診療報酬請求関連データ　その 1

診療報酬明細書の例

患者番号　　　　1234567890

診療報酬明細書(医科入院外)

令和　XX 年　5月診療分

確認	算定	12件
件数	疾患	1件

市町村番号		老人医療の受給者番号	
公費負担①		公費受給者番号①	
公費負担②		公費受給者番号②	

	1医科	1社保	1単独	7高入一
保険者番号	00000000		給付割合	
被保険者証・被保険者手帳等の記号・番号			あいうえおかき・12345	

氏名	患者　太郎	特記事項	
	1男　3昭XX.7.7　生	診療科	
職務上の理由		医師	
		病棟	
		患者の状態	

分類番号	脳血管障害　なし　手術・処置等1なし　手術・処置等2__2あり　定義副傷病なし		軽快			保険	3日
1234XX567890			転帰		診療実日数	公①	日
傷病名	ラクナ梗塞	ICD10 傷病名					
副傷病名		副傷病名				公②	日
今回入院年月日　令和 XX年 4月 25日		今回退院年月日　令和 XX年 5月 3日					

患者基礎情報

傷病情報	主傷病名　G467　ラクナ梗塞 入院の契機となった傷病名 　G467　ラクナ梗塞 入院時並存傷病名 　I10　高血圧症 　G409	包括評価部分	1	93	(4月請求分) 外泊なし 入1　6,417　×　2　＝　12,834 入2　3,046　×　3　＝　9,138 入3　2,589　×　1　＝　2,589 合計 24,561　×　1.3032　＝　32,008 (5月請求分) 外泊なし 入3　2,589　×　3　＝　7,767 合計　7,767　×　1.3032　＝　10,122
入院情報	予定・緊急入院区分：3緊急入院				
診療関連情報	入院時年齢：72歳 JCS：100 「JCS100以上で緊急入院です。救急医療管理加算の算定を行ってもよろしいですか？ 【　Y・N　】」 手術・処置等 　E101 　　SPECT 令和XX年4月18日実施 　　　　　　　　　　＜WOG45＞ 診療関連の実施(予定)年月日の確認必要	出来高部分			＜傷病情報＞　　　　　　　　　＜K0002＞ 「診断群分類番号が「副傷病名なし」ですが、副傷病名を選択出来る可能性があります」 てんかん ＜出来高部分＞ 　　　　　　【＊＊＊（続く）＊＊＊】

				※高額療養費			※公①	点
				食事・生活	基準I	640円× 7回	※公①	点
					特別	円× 回		
					食堂	円× 回		
					環境	円× 回		
					基準(生)	円× 回		
					特別(生)	円× 回		

療養の給付

保険	請求 点	※決定 点	一部負担金額 円	食事・生活療養	保険	回	請求 円	※決定 円	(標準負担金額)円
	12,541		25,082			7	4,480		3,220
公費①	点	点	円		公費①	回	円	円	円
公費②	点	点	円		公費②	回	円	円	円

図 3.3-2　診療報酬請求関連データ　その 2

③管理業務データ

　管理業務データとは、患者さんや職員の管理業務等のために利用しているデータです。医療安全管理部門で利用するようなインシデントレポートの情報や看護師の勤務表等のデータです。

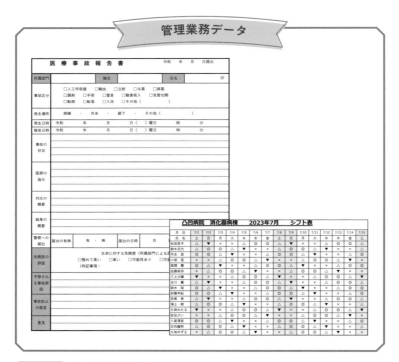

図 3.3-3　管理業務データ

④データウェアハウス（Data Ware House：DWH）

　データウェアハウス（DWH）とは、複数のデータを統合したデータの倉庫です。前述の 3 つのデータ（データベース）は、それぞれ何らかの業務を遂行する目的のために構築されたデータベースです。一方、DWH は、主に分析のために構築されたデータベースで、それぞれのデータベース間のデータの関係性を考慮して作成されて

います。そのため、患者 ID、性別、年齢、疾患、病棟といった条件、あるいはそれらの複数の条件の組み合わせでデータを検索したり、抽出したりすることが可能です。分析目的に応じて柔軟にデータを抽出することが可能となりますので、データ分析の際大きな力を発揮するデータベースです。

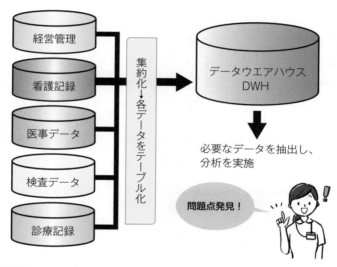

図 3.3-4 データウェアハウス

電子カルテシステム内にあるデータを効果的・効率的、かつ安全に分析するための留意点

電子カルテシステム内にあるデータを効果的・効率的、かつ安全に分析するにあたっては、電子カルテシステム内にあるデータを、つくる、保管する、使う（分析する）段階において、①個人情報保護、②分析目的に合致した正確で扱いやすいデータの作成・利用、③他部署との連携等による効率的なデータ分析が重要（**表 3.4-1**）です。

表 3.4-1 電子カルテシステム内にあるデータを効果的・効率的、かつ安全に分析するための留意点

❶	**個人情報保護（自己情報コントロール権と個人情報の機密性の考慮）** ● 個人情報保護、情報セキュリティー（抽出・分析ルールの策定および遵守） 　① 個人が特定されない 　② 個人情報がもれない
❷	**分析目的に合致した正確で扱いやすいデータの作成・利用** ● 正しいデータ（目的に合致しているか？　値は正しいか？）、扱いやすいデータ 　① データの精度（マスター更新） 　② データの二次利用への工夫（標準化、コード化） 　③ 複数のデータベースからの適切なデータ選択
❸	**他部署との連携等による効率的なデータ分析**

①個人情報保護（自己情報コントロール権と個人情報の機密性の考慮）

電子カルテシステム内にあるデータにはプライベートな情報が多く含まれるため、個人情報の保護（自己情報コントロール権と個人情報の機密性の考慮）は非常に重要です。

自己情報コントロール権
　自分の個人情報の取扱や開示・非開示などについて自分で決定することができる権利であり、自己の情報について他人に知られる度合いやタイミング等をコントロールできる権利

機密性
　許可された人だけがその情報にアクセスできるよう、情報のアクセス権限について適切に管理すること

　そのため分析結果から個人が特定され不利益を被ることがないよう、個人が特定されないような配慮が必要となります。

　例えば非常に稀な疾患の患者さんへのケアに関して分析した場合、たとえ患者さんの氏名がなかったとしても、どの患者さんについて分析を実施したのかが容易にわかる可能性があります。分析に使用した情報（治療経過や予後についての情報等）が意図せず他の人に知られることになります。また稀ではなくある一定程度発生する疾患だとしても、性別や年齢の情報との組み合わせで個人が特定される可能性があります。

　また電子カルテシステム内にあるデータを分析する際、どうしてもカルテを操作する端末以外の端末で分析する必要がある場合もあると思います（基本的には端末からデータを取り出さないことが一番安全です）。その際は個人情報を含まない匿名化された情報として取り出すことが基本ですが、どうしても匿名化できないようであれば、ファイルに厳重にパスワードをかけるなど細心の注意を払う必要があります。病院として、情報をどのように扱うのか等のルールを策定し、そのルール遵守を徹底することが求められます。

　また、電子カルテシステムをはじめとした医療情報システムについては、「医療情報システムの安全管理に関するガイドライン（2023年（令和5年）現在の最新は第6.0版）[2]」において、医療情報システムの安全対策がそもそも求められています。それぞれの病院において、ガイドラインが推奨しているルールを遵守している

と思いますので、まずはそのルールに則って電子カルテシステム内にあるデータを活用してください。

②分析目的に合致した正確で扱いやすいデータの作成・利用

　電子カルテシステム内にあるデータを分析に用いる場合には、分析目的に合致した正確で扱いやすいデータを利用する必要があります。つまり、分析の目的に適したデータを使うこと、そのデータの値は正しい値である（精度が高い）こと、また同じ状態や行為について１つの用語に統一され使われていることが必要です。

　これは、電子カルテシステム内にあるデータを利用する際に限った話ではなく、全てのデータ分析において言えることです。そのため、最新のマスターに更新しておくことは（普段間違いのない適切な医療サービス提供のためにはもちろんのこと、分析においても）非常に重要ですし、様々な用語の標準化は不可欠です。患者状態や看護ケア内容等の用語は、全ての人にとって同じものを意味する必要があります。

　また扱いやすいデータを使って分析を実施するということは分析を効率的に行う上で重要な要素となります。電子カルテシステム内にあるデータを用いた分析においては、特に重要視する必要がある条件かもしれません。例えば、看護ケアの内容が、文字（文章）データとして電子カルテシステムに格納されている場合、分析のためのデータとしては使い勝手が悪いデータとなります。文字や文章データの場合、同じ内容のものを表現しているにも関わらず、表現に僅かな違い（例えば、「体位変換」と「体位交換」のような類義語や、漢字表記かひらがな表記かといった違い等）が生じることが特に多いため、文字ではなくコードに変換してデータを格納する（コード化する）ことが推奨されます（その際、まず看護ケア内容について標準化することは必須条件です）。コード化することで、データの扱いやすさは格段に改善されます。また、電子カルテシステム内にあるデータにおいては、同じ内容を表すデータが様々な場所（デー

タベース）に格納されていることがあります。例えば手術の術式に関するデータであれば、電子カルテシステム、手術部門システム、医事会計システム、あるいは DWH といった様々な場所に存在します。そのため正確性も加味しながら、どのデータベースのデータが扱いやすいのか考える必要があります。

　一般的に病院内に DWH が構築されているようでしたら DWH を使用するのが最も効率的だと思いますが、全てのデータが DWH に格納されているわけではありません。頻繁に実施されるような分析内容であれば、分析で使用するデータを DWH に加えてもらうよう DWH を構築している部署等にお願いすることも必要だと思います。つまり、本来の目的とは違う形でデータを利用（二次利用）するデータ分析ではいろいろな工夫が必要になります。

③他部署との連携

　電子カルテシステム内にあるデータについては、そのデータを管理している部署だけではなく、情報システム部門が関わっていることが多いと思います。データの中身については、実際にデータを使って業務を行っている部署が一番詳しいと思いますが、そのデータがどのように格納され管理されているかについては、情報システムに精通した専門家である情報システム部門の人が最もよく理解していることが多いと思います。

　電子カルテシステム内にあるデータを分析する際には、データの中身について理解している人と医療情報システムやそのデータベースについて理解している人の少なくとも 2 者が必要になります。1人の人が両方に精通しているのがベストですが、そういうケースは少ないと思います。また、看護に関するデータを分析しようとすると、看護のデータベースではなく、医事のデータベースを用いたほうが、効果的・効率的な分析ができることもあるため、医事について詳しい人が必要なこともあります。またそもそもデータ分析という観点では、データ分析業務を通常業務としているような経営企画

部門等のほうが、詳しいかもしれません。

　前述の通り、「頻繁に実施されるような分析内容であれば、分析で使用するデータを DWH に加えてもらうよう DWH を構築している部署等にお願いすることも必要」であり、他部署との連携は大事な要素となります。看護部門だけで電子カルテシステム内にあるデータを分析するよりも、他部署との連携を図りながら分析を実施した方がはるかに効果的・効率的、かつ安全に分析が実施できると思います。もちろん、分析のメインの部分（明らかにしたいことは何か、それを実現するためにはどのようなデータを使うべきか、分析で導かれた結果をどう解釈するか）については、業務に精通した皆さんが最も力を発揮できる部分であることは間違いありません。

　看護職としての強みを発揮しつつ、他部署とうまく役割を分担・連携しながら電子カルテシステム内にあるデータを分析していただきたいと思います。

参考文献 ||||||||||||||||||||||||||||||||||||||||||||||||||||||||||||||||||||||||||||||||||||||||||||||||

1．厚生労働省．"電子カルテシステム等の普及状況の推移"．
　　https://www.mhlw.go.jp/content/10800000/000938782.pdf，（参照2024-03-27）．
2．厚生労働省．"医療情報システムの安全管理に関するガイドライン
　　第6.0版（2023年（令和5年）5月）"．
　　https://www.mhlw.go.jp/stf/shingi/0000516275_00006.html，（参照2024-03-27）．

練習問題
解答

第2章

▶ **練習問題 2.2-**①（44 ページ）

解答 ③、④、⑤

▶ **練習問題 2.3-**①（51 ページ）

解答 ③

解説 相対度数は、各階級の度数の全体に占める割合を表す値になるので、この場合、6.06%になります。

▶ **練習問題 2.3-**②（70 ページ）

解答

（1）平均値 7.3

　　中央値 6

　　最頻値 6

（2）平均値は、17 時間や 18 時間といったとびぬけた値の影響を受けやすく、データの中心の位置を示す値としては、適していません。このような場合に適しているのは中央値です。中央値で比較した場合、華子さんの睡眠時間は中央値の 6 時間を上回っており、同じ病棟ナースの中では睡眠時間がとれていると言えます。

▶ **練習問題 2.3-**③（78 ページ）

解答 ②、⑤

解説 同じ値が複数並んでいると、中央値が大きくならない場合があります。

▶ **練習問題 2.4-** 1 (95 ページ)

解答 （A）母集団

（B）標本

（C）90.8%

▶ **練習問題 2.5-** 1 （133 ページ）

解答

① 「帰無仮説：身長と体重には関係が無い」

② 「帰無仮説：入院時平均年齢は男女で等しい」

③ 「帰無仮説：若者と高齢者では入院時の持参薬の有無に違いはない」

▶ **練習問題 2.5-** 2 （151 ページ）

解答 ②、④、⑤

解説

① 相関係数は－1 から 1 までの値をとるため、負の値になることもあります。

③ 相関分析では直線的な関係しかわからないため、二次関数のような曲線的な関係については計算できません。

▶ **練習問題 2.5-** 3 （162 ページ）

解答

① 80.8 点（$y = 68.3 + 1.25x$ において $x = 10$ を代入すると、$y = 68.3 + 1.25 \times 10$ となります）

② 1.25 点

▶練習問題 2.5-④（171 ページ）

解答

① C：カテゴリー変数同士の関連を確認します。

② A：連続値同士の関連を確認します。

③ E：群間による事象発生までの時間の分析は、生存時間分析（代表的な手法はカプラン・マイヤー法）を用いて分析します。高度な分析になるため、本書では詳細について説明はしませんので、興味がある方は、より専門的な書籍で学びを深めてください。

④ D：群間による連続値の差を検定します。

⑤ B：回帰分析の役割は、（1）関連のモデル化、（2）関連する要因の影響度の確認、（3）推計値の計算です。今回は（3）です。

著者紹介

● 監　修

梯　正之（かけはし　まさゆき）

広島大学名誉教授

1985 年 09 月 -1991 年 03 月　広島大学医学部 助手
1991 年 04 月 -1995 年 03 月　広島大学医学部 講師
1995 年 04 月 -1996 年 03 月　広島大学医学部 助教授
1996 年 04 月 -2004 年 03 月　広島大学医学部 教授
2004 年 04 月 -2022 年 03 月　広島大学大学院保健学研究科（2012 年〜医歯薬
保健学研究科，2019 年〜医系科学研究科に改組）教授
2022 年 04 月　広島大学名誉教授

【著書】

Srinivasa Rao ASR, Pyne S, Rao CR Eds.: Handbook of Statistics 37,
Disease Modelling and Public Health（Co-authoring: Mathematical
modelling of mass screening and parameter estimation）, Elsevier
North-Holland, 2017.
稲葉 寿（編著）『感染症の数理モデル 増補版』培風館（2020 年 12 月）
※分担執筆：「エイズと性感染症の数理モデル」

● 著　者

森脇　睦子（もりわき　むつこ）

東京医科歯科大学病院 クオリティ・マネジメント・センター 特任准教授（現
任）

2006 年 04 月 -2012 年 03 月　（公財）日本医療機能評価機構〈医療事故情報収
集等事業，産科医療補償制度運営に従事〉
2012 年 04 月 -2015 年 03 月　国立病院機構本部総合研究センター 診療情報分析
部 主任研究員〈DPC データを使った政策研究に従事〉
2015 年 04 月 -2019 年 03 月　東京医科歯科大学医学部附属病院 クオリティ・マ
ネジメント・センター 副センター長・特任講師
2019 年 04 月 -2021 年 03 月　同大学医歯学総合研究科 東京都地域医療政策学講
座 特任准教授
2021 年 04 月 -　東京医科歯科大学医学部附属病院 クオリティ・マネジメント・
センター 特任准教授

【著書】

浅野嘉延・吉山直樹（編集）『看護のための臨床病態学』南山堂（2012 年
1 月）　※分担執筆

伏見清秀（編集）『院内ビッグデータ分析による病院機能高度化—医療の質・
安全向上と外来・病院機能評価へ—』じほう（2016 年 06 月）　※分担執筆

松田晋哉・伏見清秀（監修），森脇睦子・鳥羽三佳代・林田賢史（共著）『医
療の可視化から始める看護マネジメント ナースに必要な問題解決思考と病院
データ分析力』南山堂（2018 年 9 月）　※分担執筆

林田　賢史（はやしだ　けんし）

産業医科大学病院 医療情報部 部長（現任）

2003 年 08 月 - 2005 年 07 月　広島大学大学院 医歯薬学総合研究科 助手
2005 年 08 月 - 2010 年 06 月　京都大学大学院 医学研究科 助教，講師
2010 年 07 月 - 2012 年 10 月　産業医科大学病院 医療情報部 副部長（准教授）
2012 年 11 月 - 2015 年 03 月　産業医科大学 産業保健学部 教授
2015 年 04 月 -　産業医科大学病院 医療情報部 部長

【著書】

松田晋哉・伏見清秀（監修），森脇睦子・鳥羽三佳代・林田賢史（共著）『医
療の可視化から始める看護マネジメント ナースに必要な問題解決思考と病院
データ分析力』南山堂（2018 年 9 月）　※分担執筆

いまから始める看護のためのデータ分析
── 病院電子カルテデータの活用ガイド ──

2024 年 5 月 25 日　第 1 版第 1 刷発行　　Printed in Japan

©Masayuki Kakehashi, Mutsuko Moriwaki, Kenshi Hayashida, 2024

監　修	梯　　正　之
著　者	森　脇　睦　子
	林　田　賢　史
発行所	東京図書株式会社

〒 102‒0072 東京都千代田区飯田橋 3‒11‒19
振替00140‒4‒13803　電話03(3288)9461
http://www.tokyo-tosho.co.jp

ISBN 978‒4‒489‒02421‒4

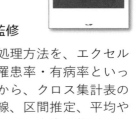